Rotes Heft 113

Risiken durch Konflikte in der Feuerwehr

Vorbeugen, Erkennen, Lösen

von
Tim Ladwig

Verlag W. Kohlhammer

Wichtiger Hinweis
Dieses Werk einschließlich aller seiner Teile ist urheberrechtlich geschützt. Jede Verwendung außerhalb der engen Grenzen des Urheberrechts ist ohne Zustimmung des Verlags unzulässig und strafbar. Das gilt insbesondere für Vervielfältigungen, Übersetzungen, Mikroverfilmungen und für die Einspeicherung und Verarbeitung in elektronischen Systemen.
Haftungsausschluss: Die Inhalte dieses Buches wurden sorgfältigst von dem Autor recherchiert und erarbeitet. Der Verwender muss die Anwendbarkeit auf seinen Fall und die Aktualität der ihm vorliegenden Fassung und Informationen in eigener Verantwortung prüfen. Eine Haftung des Autors ist ausgeschlossen.
Die Abbildungen stammen – sofern nicht anders angegeben – vom Autor.

1. Auflage 2024

Alle Rechte vorbehalten
© W. Kohlhammer GmbH, Stuttgart
Gesamtherstellung: W. Kohlhammer GmbH, Stuttgart

Print:
ISBN 978-3-17-043340-3

E-Book-Formate:
pdf: ISBN 978-3-17-043342-7
epub: ISBN 978-3-17-043343-4

Für den Inhalt abgedruckter oder verlinkter Websites ist ausschließlich der jeweilige Betreiber verantwortlich. Die W. Kohlhammer GmbH hat keinen Einfluss auf die verknüpften Seiten und übernimmt hierfür keinerlei Haftung.

Inhaltsverzeichnis

1 Einleitung 6

Teil A: Der Konflikt im Überblick 9

2 Was ist ein Konflikt? 11
   2.1   Konfliktdefinition 11
   2.2   Konfliktarten 12
   2.2.1 Eisbergmodell 13
   2.2.2 Sachverhaltskonflikte 14
   2.2.3 Beziehungskonflikte 17
   2.2.4 Konflikte wegen Vorlieben, Abneigungen und Interessen 20
   2.2.5 Wertekonflikte 20

3 Wie entwickelt sich ein Konflikt? 23
   3.1   Manifeste und latente Konflikte 23
   3.2   Konflikteskalation 24
   3.2.1 Phase win-win 25
   3.2.2 Phase win-lose 26
   3.2.3 Phase lose-lose 26
   3.3   Eskalationsbeispiele im Feuerwehralltag 27
   3.3.1 Stufe 1: Spannung 27
   3.3.2 Stufe 2: Verbale Angriffe 28
   3.3.3 Stufe 3: Taten statt Worte 28
   3.3.4 Stufe 4: Verbündete suchen 29
   3.3.5 Stufe 5: Gesichtsverlust 29

Inhaltsverzeichnis

3.3.6	Stufe 6: Drohungen	30
3.3.7	Stufe 7: Begrenzte Vernichtungsschläge	30
3.3.8	Stufe 8: Zerstörung	31
3.3.9	Stufe 9: Gemeinsam in den Abgrund	31

4 Konfliktlösungsverfahren im Überblick **33**
- 4.1 Heteronome Verfahren 34
- 4.1.1 Gerichtsverfahren 34
- 4.1.2 Schiedsverfahren 35
- 4.2 Autonome Verfahren 36
- 4.2.1 Schlichtung 36
- 4.2.2 Neutraler Experte 36
- 4.2.3 Verhandlung und Mediation 37
- 4.3 Mischformen 38

5 Unterstützung durch externe Konfliktlösung – Mediation **39**
- 5.1 Geeignete Verfahren 39
- 5.2 Das Mediationsgesetz 40
- 5.3 Grundsätze der Mediation 41
- 5.3.1 Freiwilligkeit 41
- 5.3.2 Eigenverantwortlichkeit 42
- 5.3.3 Vertraulichkeit 43
- 5.3.4 Unabhängigkeit und Neutralität 46
- 5.3.5 Informiertheit 49
- 5.4 Ablauf einer Mediation 51
- 5.4.1 Vorbereitung 52
- 5.4.2 Phase 1: Eröffnung 53
- 5.4.3 Phase 2: Sachverhaltsklärung 54
- 5.4.4 Phase 3: Interessen, Bedürfnisse, Ziele klären .. 56

Inhaltsverzeichnis

5.4.5	Phase 4: Lösungsoptionen erarbeiten und bewerten	58
5.4.6	Phase 5: Mediationsvereinbarung	63
5.5	Kosten einer externen Unterstützung	65

Teil B: Konflikte in der Feuerwehr 69

6 Konflikte im Feuerwehralltag 71
6.1	Konflikte stören im Dienstbetrieb	73
6.2	Gefahren durch Konflikte im Einsatz	76
6.3	Besonderheiten bei Berufsfeuerwehren	79

7 Konfliktlösung innerhalb der Feuerwehr 82
7.1	Konfliktlotsen	84
7.2	Konflikte erkennen	85
7.3	Grenzen der internen Konfliktlösung	87

8 Konflikten vorbeugen 89
8.1	Welche Konflikte können vermieden werden? .	89
8.2	Konfliktvorbeugende Maßnahmen	96
8.3	Schulungsoptionen	99

Literaturverzeichnis 102

1 Einleitung

Während es bei Konflikten zwischen Kindern und jüngeren Jugendlichen in der Kinder- oder Jugendfeuerwehr meist um Alltägliches geht und diese sich häufig einfach lösen lassen, sind es bei den älteren Jugendlichen und Erwachsenen in der Einsatzabteilung auch mal Konflikte, die über mehrere Wochen oder Monate schwelen und von Dienstabend zu Dienstabend oder Einsatz zu Einsatz getragen werden. Ungelöst führen Konflikte zu einer schlechten Stimmung und können dafür verantwortlich sein, dass Mitglieder aus der Feuerwehr austreten oder ihr Engagement zurückfahren. Besonders herausfordernd sind Konflikte bei einem Einsatz, weil es den Beteiligten dabei kaum möglich ist, sich aus dem Weg zu gehen. Das Einsatzgeschehen verlangt die Konzentration der Führungskräfte auf die Lage und volles Vertrauen in die Einsatzbereitschaft aller eingesetzten Feuerwehrleute. Eine Rücksichtnahme auf bestehende Konflikte ist dabei nicht möglich. Auch untereinander müssen sich alle eingesetzten Feuerwehrleute aufeinander verlassen können, insbesondere, wenn bei einem Einsatz gefährliche Aufgaben abzuarbeiten sind. Hier könnte ein schwelender Konflikt folgenschwere Auswirkungen haben und die Sicherheit von Beteiligten, Einsatzkräften und Unbeteiligten akut gefährden.

In diesem Heft geht es im ersten Abschnitt zunächst darum, den Konflikt an sich zu beleuchten. Was ist ein Konflikt und welche Konfliktausprägungen gibt es? Anhand von Beispielen wird beschrieben, wie sich ein Konflikt entwickeln kann, wenn er unerkannt bleibt und die Beteiligten somit keine Unterstüt-

1 Einleitung

zung erhalten. Anschließend wird beschrieben, welche Verfahren es gibt, um Konflikte zu lösen. Anhand der Mediation, einem insbesondere für die Feuerwehr hervorragend geeigneten Konfliktlösungsverfahren, wird gezeigt, wie eine externe Konfliktlösung ablaufen würde.

Im zweiten Abschnitt richtet sich der Blick gezielt auf Konflikte in der Feuerwehr. Die Auswirkungen von Konflikten auf den Feuerwehralltag werden beschrieben und erläutert. Von besonderer Bedeutung ist der Abschnitt über die Gefahren von Konflikten im Feuerwehreinsatz. Anschließend wird beschrieben, wie Konflikte innerhalb der Feuerwehr frühzeitig erkannt und gelöst werden können. Abschließend wird dargestellt, wie Konflikte und deren Eskalation in der Feuerwehr durch vorbeugende Maßnahmen verhindert werden können.

Dieses Rote Heft soll konkret dazu beitragen, das Sicherheitsrisiko durch interne Konflikte bei Einsätzen stark zu reduzieren. Es unterstützt dabei, ein konfliktarmes Umfeld zu schaffen, welches zu einem angenehmen und sicheren Betriebsklima führt und dieses aufrecht erhält. Der Zusammenhalt wird gefördert und trägt so zu einer positiven Außenwirkung bei, welche insbesondere für die Mitgliedergewinnung wichtig ist.

Teil A:
Der Konflikt im Überblick

2 Was ist ein Konflikt?

2.1 Konfliktdefinition

Um einen Konflikt zu erkennen und optimalerweise auch lösen zu können, ist es zunächst erforderlich zu wissen, wann man von einem Konflikt spricht. Für eine Definition des Begriffes stehen verschiedene Ansätze zur Verfügung. Der lateinische Begriff für Konflikt lautet »configuere« und bedeutet: kämpfen, zusammenstoßen. Er bietet jedoch keine ausreichende Erklärung für den Begriff in der heutigen Zeit. Verständlicher ist dafür die Definition nach Friedrich Glasl (Glasl 2010), der stark vereinfacht sagt, dass für einen Konflikt mindestens zwei Akteure erforderlich sind. Diese Akteure haben Pläne bzw. Interessen, die sie verfolgen und wenn sie bei der Umsetzung dieser Pläne oder Interessen gestört werden, kommt es zu einem Konflikt. Es kann auch mehr als nur eine Ursache für einen Konflikt geben. Neben dem Gegensatz der Interessen, der zu einer Störung bei der Umsetzung führen kann, ist die Unzulässigkeit dieser Störung eine weitere mögliche Ursache. Nicht jede abweichende Überzeugung oder unterschiedliche Wertung entwickelt sich unmittelbar zu einem Konflikt. Erst wenn einer der Beteiligten den Anspruch erhebt, lediglich die eigene Wahrheit sei die Richtige und die Ansicht des anderen sei Unrecht, wird es zu einem Konflikt kommen (Montada 2012). Das lässt sich auch auf Situationen übertragen, in denen nicht das eigene Interesse, sondern das Interesse eines anderen gestört wird. Nicht nur ein eigenes Negativerlebnis, sondern auch ein verletztes Rechtsempfinden oder ein Eintreten und

2 Was ist ein Konflikt?

Engagement für nahestehende und auch fremde Menschen können somit Ursache für einen Konflikt sein.

2.2 Konfliktarten

Es gibt eine Vielzahl möglicher Konflikte. Eine Aufteilung in unterschiedliche Konfliktarten erleichtert den Umgang mit ihnen und ermöglicht eine genauere Betrachtung und Differenzierung. Unterscheiden lassen sich Konflikte beispielsweise danach, welches Anliegen einer Person in dem Konflikt betroffen ist. Als Anliegen sind Punkte zu verstehen, die Menschen wichtig sind und durch die sich Menschen auch unterscheiden (Montada 2012). Solche Punkte können sein: soziale Anerkennung, Politik, Religion, Sicherheit, Besitz, Macht, Freiheit, Hobby, Naturschutz, Familie, Tiere, Idole und weitere. Darin enthaltene Konfliktthemen lassen sich vereinfacht drei verschiedenen Konfliktdimensionen zuordnen:

1. **Rationale Dimension:** Damit sind sachliche, konkrete und klar nachvollziehbare Themen gemeint.
2. **Emotionale Dimension:** Umfasst unterschiedliche Identifikationen der Konfliktpartner mit gegensätzlichen Positionen zu einem Thema auf der Ebene der Beteiligten.
3. **Gesellschaftliche Dimension:** Beinhaltet die Themen um soziale Positionen innerhalb des Gesellschaftssystems auf der übergeordneten Ebene der Gesellschaft.

2.2 Konfliktarten

Die Konfliktbeteiligten können diese Ebenen in der Streit- und Stresssituation meist nicht unterscheiden. Für eine erfolgreiche Konfliktlösung ist diese Unterscheidung jedoch wichtig, um die konkreten Probleme herausarbeiten zu können, unterschiedliche emotionale Reaktionen zu erfassen und die mit der Einbindung in die Gesellschaft einhergehenden Normen und Werte berücksichtigen zu können (Michaelis & Auferkorte-Michaelis 2017).

2.2.1 Eisbergmodell

Da Konflikte selten in einer klar strukturierten und leicht verständlichen Form auftreten, wird mit Hilfe von Modellen versucht, Konflikte greifbarer und auch leichter nachvollziehbar zu machen. Ein dafür sehr gut geeignetes Modell ist das Eisbergmodell. Wie bei einem echten Eisberg, der seinen größten Anteil, für uns nicht sichtbar, unter der Wasseroberfläche hat, ist es auch bei einem Konflikt. Häufig ist nur ein kleiner Teil des Konfliktes sichtbar bzw. erkennbar. Bei genauerer Betrachtung trifft man unter der Oberfläche weitere Themen an und wie bei einem Eisberg, ist der sichtbare Teil häufig nur ein Bruchstück des eigentlichen Problems. Der sichtbare Teil umfasst häufig die rationale Dimension mit einen rationellen, bzw. Sachkonflikt. Unter der Oberfläche sind dann oft verletzte Gefühle und Emotionen zu finden. Das ist die emotionale Dimension. Ebenso kann unter der Oberfläche auch die gesellschaftliche Dimension zu finden sein, wenn beispielsweise Werte und Bedürfnisse betroffen sind.

2 Was ist ein Konflikt?

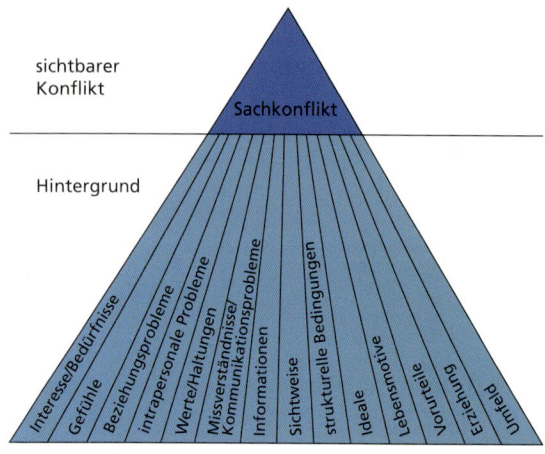

Bild 1: *Eisbergmodell des Konflikts (nach Besemer 1994)*

2.2.2 Sachverhaltskonflikte

Unterschiedliche Einschätzungen eines Sachverhaltes aufgrund von Fehlinformationen, unvollständigen Schilderungen oder auch unterschiedlichen Wertschätzungen, sowie verschiedene Interpretationen von Daten und Fakten können zu Konflikten in einem Kommunikationsprozess führen. Missverständnisse entstehen z. B. durch Äußerungen der Beteiligten, die auf deren unterschiedlichen Sichtweisen basieren (Michaelis & Auferkorte-Michaelis 2017). Allerdings entsteht ein Konflikt nicht automatisch, wenn es nur um eine sachliche

2.2 Konfliktarten

Thematik geht. Ein mathematisches Problem, eine Fragestellung allein, bietet wenig Konfliktpotenzial. In dem Fall, beispielsweise wenn ein Projektteam eine Aufgabe gestellt bekommt, wird meist gemeinsam nach der Wahrheit, nach der besten Lösung gesucht. Dabei werden Wissen, Hypothesen, Informationen und Argumente ausgetauscht oder Experten befragt oder hinzugezogen. Das Konfliktrisiko steigt, wenn es einem Beteiligten nicht nur um die Sache allein geht und persönliche Anliegen ebenso wichtig werden (Montada 2012).

Im Feuerwehreinsatz gibt es keinen Raum für Diskussionen oder Gruppenarbeit im Sinne von Brainstorming oder gemeinsamen Überlegungen. Allerdings werden auch in der Feuerwehr Experten für bestimmte Lagen hinzugezogen. Wie ein Auftrag an den Zug, die Gruppe oder den Trupp umgesetzt wird, entscheidet die verantwortliche und dafür ausgebildete Führungskraft.

Ein Konflikt kann entstehen, wenn es nicht nur um die Sache, sondern mehr um persönliche Anliegen wie Glaubwürdigkeit, Ansehen, Anerkennung, oder auch sozialen Status oder Rangordnung geht. So führen gezielte Falschinformationen, das Ignorieren oder Abwerten der anderen Ansichten oder das Hervorstellen oder Verschweigen eigenen Wissens zu Konflikten (Montada 2012). Bei der Feuerwehr bedeutet es ein Sicherheitsrisiko, wenn die Befehle oder Entscheidungen eines Gruppenführers in Frage gestellt werden. Ebenso, wenn seine Aufträge, zum Beispiel aus persönlichen Gründen, gezielt unvollkommen oder falsch weitergegeben oder nicht bzw. nicht vollständig ausgeführt werden.

Auch andere zu Fehlern zu verleiten oder in Bedrängnis bzw. Verlegenheit zu bringen, kann zu Konflikten durch

2 Was ist ein Konflikt?

Kränkung oder Empörung führen, ausgelöst durch Kritik oder Zurückweisung der eigenen Ansichten.

> **Beispiel:**
> Ein Ausgangspunkt für eine willentliche oder auch unbeabsichtigte Konfliktentstehung ist beispielsweise der Übungsbefehl an einen bestimmten Feuerwehrkameraden im Rahmen der Stationsausbildung, die Leiter in Stellung zu bringen und in den ersten Stock vorzugehen. Dieser Kamerad leidet aber bekanntlich an Höhenangst und ist normalerweise im Einsatzleitwagen eingesetzt. Hier wird der Kamerad in Verlegenheit gebracht und gekränkt. Selbst bei einem versehentlich abgesetzten Befehl entsteht so Konfliktpotenzial.

Im Rahmen der Lösungsstrategie eines Sachverhaltskonfliktes wird sich schnell herausstellen, ob eine gemeinsame Lösung durch Informationsgewinnung, Bewertungskriterien und Rangfolge der Problemstellungen möglich ist, oder ob es bei dem Konflikt eben nicht um die Sache geht, sondern die Vermutung naheliegt, dass andere Ursachen das wahre Problem sind. Hier würde die reine, objektive Sachverhaltsprüfung nicht weiterhelfen, sondern vielmehr die Offenlegung und Besprechung der persönlichen Belange. Für die Lösung eines solchen Konfliktes ist eine tiefgreifendere Aufarbeitung notwendig. Auch die emotionalen Hintergründe sind in dem Fall interessant und sollten ergründet werden. Der Blick unter die Oberfläche, um den Eisberg besser zu erforschen. Warum schickt ein Gruppenführer ausgerechnet den bekanntlich mit Höhenangst kämpfenden Truppmann über die Leiter ins erste OG vor? Vielleicht, weil dieser Truppmann, der auch ausgebil-

2.2 Konfliktarten

deter Rettungssanitäter ist, den Gruppenführer beim letzten Übungsdienst als dessen Stationsausbilder bei einer fehlerhaft ausgeführten Herz-Druck Massage an der Übungspuppe korrigiert hat?

2.2.3 Beziehungskonflikte

Durch verletzte Gefühle, destruktives Kommunikationsverhalten und gestörte Selbst- und Fremdwahrnehmung, entstehen Beziehungskonflikte. Auch Defizite in der Beziehungsfähigkeit eines Menschen können zu Beziehungskonflikten führen. Diese Probleme sind jedoch keine Fälle für eine Konfliktlösung. Hier ist eine geeignete Therapie der richtige Weg zu einer Problemlösung.

Häufig wird der Begriff Beziehungskonflikt ohne weitere Präzisierung verwendet. Da jedoch jeder Konflikt eine Beziehung belastet und zu negativen Entwicklungen, bis hin zur Feindschaft führen kann, macht es Sinn, die spezifischen Aspekte der Beziehung, die Anlass oder Grund für einen Konflikt sein können, näher zu betrachten. Abhängig von der Art einer Beziehung, in welcher die Parteien zueinanderstehen bzw. glauben oder wünschen zu stehen, werden beziehungsspezifische, normative Erwartungen verletzt oder bedroht (Montada 2012). Diese Erwartung gilt es in der Konfliktlösung aufzudecken. Dazu werden für die Betrachtung einer Beziehung Begriffe wie Liebe, Zuneigung, Solidarität, Konkurrenz, Vertrauen aber auch Misstrauen, Gleichrangigkeit oder Rangunterschiede, persönlich oder professionell, privat oder geschäftlich klärend herangezogen. Von den verschiedenen Beziehungskategorien sind die normativen Erwartungen abhängig. Es gibt dabei unterschiedliche Erwartungen bei Freundschaften oder Geschäftsbeziehungen, bei Statusunterschieden oder zwischen Kollegen und Kameraden.

Insbesondere bei der Freiwilligen Feuerwehr sind die Beziehungen nicht nur durch eine einzige, soziale Rolle geprägt. Der im Dienst untergebene Feuerwehrmann kann im privaten Bereich eine bedeutende Führungskraft oder ein mächtiger Funktionär sein und vielleicht im Gegensatz zu seinem Trupp-, Gruppen- oder Zug-/Wehrführer einen höheren Bildungsstand haben. Alle Rollen prägen das Selbstbild, das Bild auf die Beziehung und haben Einfluss auf die Interaktionen. Beispiele sind medizinische Behandlung versus private Beziehung zwischen Arzt und Patientin oder Kollegialität und Kooperation versus Konkurrenz in einem Arbeitsteam.

Auch Konflikte um Zuständigkeiten gehören zu den Beziehungskonflikten. In Vereinen, in der Familie oder im Beruf (z. B. bei Personalwechseln) kriselt es häufig bei Zuständigkeiten oder Fragen der autonomen Gestaltung. Die erlebte Gerechtigkeit in einer Beziehung oder Austauschbeziehung ist ein weiterer Herd für Beziehungskonflikte. Was in einer Austauschbeziehung erwartet wird, variiert dabei mit dem Grad der Beziehung und ist demnach in einer Geschäftsbeziehung anders als in nahen Beziehungen. Reziprozität, d.h. Gleiches mit Gleichem vergelten und Ausgewogenheit im Sinne subjektiv gleicher Bilanzen der Parteien hinsichtlich ihrer Investitionen und Erträge, sind auf allgemeinem Niveau die Grundprinzipien der Bewertung der Gerechtigkeit. Konflikte wegen Respektlosigkeiten gibt es in allen Beziehungen (Montada 2012).

2.2 Konfliktarten

Beziehungskonflikte werden meist nicht als solche thematisiert und sind daher schwer zu erkennen. Wie beim Eisbergmodell gezeigt (▶ Bild 1), ist als Streitgegenstand oft ein Sachthema wie beispielsweise eine nicht umgesetzte Ehrung oder Beförderung oder Versäumnisse, wie eine fehlende Anmeldung zum Lehrgang ursächlich. Grund für die Entstehung eines Konfliktes ist meist Empörung auf der Seite eines Beteiligten. Diese sachlichen Streitgegenstände geben damit die Gelegenheit, einen Konflikt auszutragen, ohne der tieferliegende, tatsächliche Anlass dafür zu sein.

Erheblich besser ist die Situation, wenn der Beziehungskonflikt konkret thematisiert wird, weil in diesem Fall unmittelbar daran gearbeitet werden kann. Für die Beilegung eines Beziehungskonfliktes ist es von Bedeutung, welche Art von Beziehung die Akteure haben. Es macht einen Unterschied, ob sich diese vorher kannten oder nicht. Ebenso ist relevant, ob sie nachher wenige gemeinsame Berührungspunkte haben werden oder ob es, wie bei der Mitgliedschaft in der Feuerwehr, eine meist längerfristige Beziehung ist, die auch nach der Konfliktbeilegung noch weiter bestehen soll. Wenn sich Parteien um das Verstehen der anderen Seite bemühen und auch darum, wie sie selbst von der anderen Seite gesehen werden, und wenn sie sich selbst mit den Augen der anderen Seite sehen können, ist nachhaltiger Erfolg in der Konfliktlösung zu erwarten (Montada 2012).

2.2.4 Konflikte wegen Vorlieben, Abneigungen und Interessen

Wenn eigene Vorlieben, Abneigungen oder Interessen von anderen Menschen im Umfeld nicht toleriert, sondern kritisiert oder sogar diffamiert werden, können daraus Interessenkonflikte entstehen. Auch Konkurrenzdenken und Konkurrenzverhalten, insbesondere wenn inhaltliche und persönliche Interessen der Beteiligten voneinander abweichen, bieten Konfliktpotenzial. Dabei werden von einer Seite Positionen eingenommen, die den Interessen der anderen Seite keinen Platz mehr lassen (Montada 2012). Ein aus den Fugen geratener Austausch über den richtigen Hersteller von Feuerwehrfahrzeugen kann ein Beispiel dafür sein. Nur der eigene Lieblingshersteller ist der richtige. Wer anders denkt, hat keine Ahnung von der Feuerwehrtechnik und sollte auch nicht in einer Projektgruppe Fahrzeugbeschaffung mitmachen. Konkurrenzdenken kann sich ebenso durch unterschiedliche Meinungen über das richtige Vorgehen bei einem TH- Einsatz oder einem Innenangriff äußern. Was nimmt sich der eine heraus, das, besser zu wissen als man selbst.

2.2.5 Wertekonflikte

Werte und Werteorientierungen beschreiben auf allgemeinem Niveau gefasste, wichtige persönliche Anliegen. Dazu zählen Themen wie Frieden, Freiheit, Nation, Natur, Kunst, Bildung, Engagement für Bedürftige, Solidarität ebenso wie Selbstbestimmung, materieller Wohlstand, Familie, Freundschaft,

2.2 Konfliktarten

berufliche Arbeit, Freizeit, Eigeninteresse und ähnliches mehr. Werteorientierungen sind die Grundlage für individuelle Handlungen, Zielsetzungen oder Entscheidungen. Unterschiedliche Werte können die Ursache für Konflikte sein. Dazu müssen diese Unterschiede nicht explizit ausformuliert sein. Unterschiedliche Einstellungen verschiedener Menschen oder Gruppen und Organisationen bezüglich ihrer Werte sind keine Seltenheit (Auferkorte & Auferkorte-Michaelis 2017). Kulturen werden von Personen und größeren sozialen Einheiten durch Werte geprägt und ihr Handeln ist daran ausgerichtet. Beispiele dafür sind die Einstellung zum Verzehr bestimmter Nahrungsmittel oder die Vorstellung über das Tragen bestimmter Kleidung. Wenn verschiedene Parteien ihre Werteorientierungen ausleben oder sie in einem Gemeinwesen gegen andersartige Werteorientierungen durchsetzen möchten, können Konflikte entstehen. Dies kann auf verschiedenen sozialen oder gesellschaftlichen Ebenen geschehen. Auch in Organisationen treffen verschiedene individuelle Werteorientierungen aufeinander. Beispielsweise in Form von mehr Eigeninteresse einerseits oder mehr Solidarität andererseits (Montada 2012). Ein Beispiel kann das jährliche Grünkohlessen einer Feuerwehr sein. Einige Mitglieder im Festausschuss denken an Kameradinnen und Kameraden, die kein Schweinefleisch essen und wollen entsprechende Alternativen einplanen und andere Festausschussmitglieder lehnen das aus Kosten- oder anderen Gründen ab. Auf gesellschaftlicher und internationaler Ebene sind es insbesondere Werte wie Freiheit und Sicherheit, das Interesse an aktuellem Wohlstand und die Verantwortung für den Klimaschutz. Gerade der Klimaschutz zeigt deutlich, wie weit Wertevorstellungen über alle Altersgruppen hinweg aus-

2 Was ist ein Konflikt?

einandergehen können. So geht es derzeit nicht mehr nur generell um ein Ja oder Nein zum Klimaschutz, sondern insbesondere um die sehr unterschiedlichen Vorstellungen über die geeigneten Maßnahmen und Vorgehensweisen, um auf den Klimaschutz aufmerksam zu machen. In Gesprächen unter Feuerwehrleuten werden bei verschiedenen Gelegenheiten auch solche aktuellen Themen diskutiert. Unterschiedliche Meinungen bei den Beteiligten sind normal und führen nicht gleich zu einem Konflikt. Wenn sich einzelne Diskussionsteilnehmer jedoch nicht auf andere Meinungen einlassen wollen und versuchen, diese zu unterdrücken oder gezielt gegen andersdenkende Kameradinnen und Kameraden vorzugehen, ist ausreichend Potenzial für einen Wertekonflikt vorhanden.

3 Wie entwickelt sich ein Konflikt?

3.1 Manifeste und latente Konflikte

Je nachdem, ob ein Konflikt offen angesprochen wurde oder für einige Beteiligte unbemerkt schwelt, spricht man von manifesten oder latenten Konflikten. Ein manifester Konflikt lässt sich wie folgt beschreiben: Ein Beteiligter macht seinem Gegenüber deutlich, dass sein Verhalten falsch oder unrecht ist. Sein Gegenüber ändert jedoch nichts an seinem Verhalten oder liefert nachvollziehbare Erklärungen für sein Handeln. Auch bedauert er nichts oder streitet sein Tun ab. Bei einem latenten Konflikt tätigt der Beteiligte keine Aussagen. Er informiert sein Gegenüber nicht und bittet auch nicht um Unterlassung bestimmter Handlungen oder fordert eine Entschuldigung ein (Montada, 2012).

Die Beweggründe für einen latenten Konflikt können verschieden sein. Beispiele sind unter anderem die Angst vor einer Eskalation des Konflikts oder der fehlende Glaube an dessen Lösung. Auch der Wille, eine Beziehung nicht zu gefährden, begünstigen einen latenten Konflikt. Die Einschaltung eines Dritten findet häufig nicht statt, um Kritik an der eigenen Person und möglicherweise entstehende Eskalationen oder die Selbstdarstellung als Opfer zu vermeiden.

Ein latenter Konflikt kann Auslöser von Vergeltungsaktionen sein, die beispielsweise in Form von Abwertung und Distanzierung oder auch Verweigerung von Unterstützung auftreten können. Aufgrund der fehlenden Kommunikation können diese Vergeltungsmaßnahmen jedoch vom Gegenüber nicht mit einem Konflikt in Zusammenhang gebracht und damit als solcher erkannt werden. Diese Handlungen erscheinen der Gegenseite dadurch nicht rechtens und stellen eine Verletzung der normativen Erwartungen dar. Dadurch entstehen unterschiedliche Sichtweisen auf die Situation und die Einschätzung, wer mit den Bösartigkeiten eigentlich angefangen hat. Das ist häufig der Beginn einer Konflikteskalation (Montada 2012).

3.2 Konflikteskalation

Ein Konflikt ist ein sich ständig weiterentwickelnder Prozess. Je nach Art des Konfliktes und Verhalten der Beteiligten, eskaliert oder beruhigt sich ein Konflikt. Eskalation bezeichnet dabei eine bewusste oder unbewusste Ausweitung des Konflikts. Diese Eskalation kann anhand eines 9-Stufenmodells nach Glasl (Glasl 2010) sehr gut kategorisiert werden. Mit Hilfe der Beschreibung der Stufen und einem Abgleich dieser mit einem vorliegenden Konflikt, kann geprüft werden, in welcher Stufe der Eskalation sich die Beteiligten gerade befinden.

Die Eskalationsstufen sind zum besseren Verständnis in drei, farblich unterschiedene Phasen geteilt. Jede Phase beinhaltet drei Stufen und beschreibt die Situation, wie die Konfliktbeteiligten aus diesem Konflikt über eine Lösung aussteigen würden. Es ist wie bei einer Ampel erkennbar, wie wichtig eine frühe Konfliktbearbeitung ist, denn bei einem weit fortgeschrittenen Konflikt ist selbst durch eine professio-

3.2 Konflikteskalation

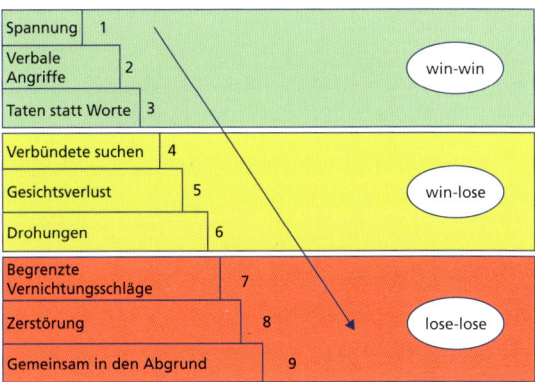

Bild 2: *Eskalationsstufen nach Glasl (eigene Darstellung)*

nelle Lösungsmethode ein gesichtswahrender Abschluss kaum noch möglich.

3.2.1 Phase win-win

Die ersten drei Stufen der Konflikteskalation werden von Glasl in der Phase win-win zusammengefasst. In dieser frühen Phase des Konfliktes ist eine Lösung für beide Beteiligten möglich und würde bei einer gelungenen Konfliktlösung zu zwei Gewinnern führen (Glasl 2010).

3 Wie entwickelt sich ein Konflikt?

Bild 3: *Phase win-win nach Glasl (eigene Darstellung)*

3.2.2 Phase win-lose

In der Phase win-lose mit den Stufen vier bis sechs würden es die Konfliktbeteiligten nicht mehr selbst zu einer Lösung schaffen. Der Konflikt wird zu einem sichtbaren Feuer. In diesen Eskalationsstufen müssen Kompromisse gefunden werden. Das bedeutet eine Lösung, ein Durchsetzen des einen Beteiligten auf Kosten des anderen. Hier ist in jedem Fall eine Unterstützung erforderlich (Glas 2010).

Bild 4: *Phase win-lose nach Glasl (eigene Darstellung)*

3.2.3 Phase lose-lose

Die Stufen sieben bis neun lassen keine Gewinner mehr zu. Es brennt unkontrolliert. Mit dem Ziel den anderen zu schädigen, gibt es nur Verlierer, diese Phase wird daher entsprechend lose-

lose bezeichnet und für viele Konfliktlösungsmethoden ist es in dieser Phase bereits zu spät (Glasl 2010).

Bild 5: *Phase lose-lose nach Glasl (eigene Darstellung)*

3.3 Eskalationsbeispiele im Feuerwehralltag

3.3.1 Stufe 1: Spannung

Vor einigen Monaten ist Andreas nach Musterstadt gezogen und in die dortige Ortsfeuerwehr eingetreten. Christian ist schon seit Jahren Mitglied der gleichen Ortsfeuerwehr. Er und Andreas haben bisher nicht viel miteinander zu tun gehabt. Christian weiß nicht, woran es liegt, aber wenn er Andreas sprechen hört oder sieht, wie er sich beim Dienstabend gibt, findet er die Aussagen oder das Verhalten zunehmend komisch und störend. Er sagt sich: »Der spinnt doch!« und denkt sich: »Wie kann man so sein?« Er fühlt sich nicht wohl, wenn sie sich begegnen oder wenn Andreas mit ihm spricht.

3.3.2 Stufe 2: Verbale Angriffe

Als Andreas an einem Dienstabend vom letzten Einsatz bei einem Verkehrsunfall berichtet und aus Sicht von Christian eine »blöde Bemerkung dazu macht«, greift Christian ihn verbal an. Er habe als »Frischling und ohne viel Erfahrung nun wirklich überhaupt keine Ahnung vom Einsatzgeschehen«. Andreas reagiert gekränkt und verärgert und ein Wort ergibt das andere. Seit dieser Auseinandersetzung begegnen sich Christian und Andreas misstrauisch und reagieren gereizt aufeinander. Andreas kann nicht nachvollziehen, was mit Christian los ist, will sich aber seine blöden Sprüche auch nicht länger anhören.

3.3.3 Stufe 3: Taten statt Worte

Schon beim nächsten Übungsabend steht für beide fest, mit dem anderen kann man nicht mehr reden. »Was der sagt, interessiert mich nicht, der versteht eh nichts.« Auch den anderen Kameraden bleibt die Spannung nicht verborgen, denn die »Luft zittert« förmlich und alle bekommen mit, wenn sich Andreas und Christian gegenseitig mit Sticheleien oder Handlungen provozieren. Christian öffnet beim Übungsabend »ganz aus Versehen« den Verschluss des Schlauchkorbs, den Andreas zum Fahrzeug bringen wollte. Er merkt es nicht und prompt fallen ihm alle gepackten Schläuche heraus und müssen von ihm neu gelegt werden. Andreas stellt heimlich die Stiefel aus Christians Spind in einen leeren Spind auf der anderen Seite der Halle. Durch die Suche seiner Stiefel aufgehalten, kann Christian beim nächsten Einsatz erst mit dem nachfolgenden Fahrzeug los, während ihm Andreas beim Ausrücken mit dem ersten Fahrzeug noch zulächelt.

3.3.4 Stufe 4: Verbündete suchen

Es wird Zeit sich Verbündete zu suchen. Andreas und Christian gehen auf ihre Freunde zu und versuchen die unentschiedenen Kameraden für sich zu gewinnen. »Wie findest Du den Andreas?/Hast Du gewusst, dass der…./Ständig nervt er mich oder fängt neuen Streit an!« Zusätzlich nutzen beide jetzt jede Möglichkeit, den anderen verbal zu provozieren, zu nerven und zu mobben.

3.3.5 Stufe 5: Gesichtsverlust

Andreas und Christian sind verfeindet, es gibt für sie keinen Weg mehr zurück. Sie nutzen jetzt jede Gelegenheit sich gegenseitig in einem schlechten Licht dastehen zu lassen. Nach dem Motto »Der oder Ich« werden Unwahrheiten verbreitet. So fehlt eine Taschenlampe vom HLF und Christian verbreitet überall, Andreas habe sie mitgehen lassen. Andererseits behauptet Andreas, er habe gesehen, wie Christian, der verheiratet ist und Kinder hat, beim Feuerwehrball am letzten Wochenende mit einer Kameradin der anwesenden Nachbarfeuerwehr fremd gegangen sei.

3.3.6 Stufe 6: Drohungen

Eine friedliche Streitbeilegung ist für Christian und Andreas nicht mehr denkbar. Das, was bisher passiert ist, sei für sie nicht mehr hinnehmbar. Sie drohen sich öffentlich und meinen diese Drohungen auch ernst. »Du wirst schon sehen, was Du davon hast!« ist die Devise. Christian droht Andreas sehr deutlich mit den Worten: »Wenn Du noch einmal Lügen über mich verbreitest, zeige ich Dich an!« Andreas droht Christian: »Ich mache Dich fertig, wenn Du mich nicht in Ruhe lässt.«

Achtung:
Spätestens bei Eintritt dieser Stufe muss in der Feuerwehr reagiert werden. Eine weitere Eskalation stellt ein Sicherheitsrisiko für die Beteiligten aber auch das Umfeld dar. Für die Beschreibung der weiteren Eskalationsstufen wird angenommen, eine Reaktion in der Feuerwehr bleibt aus.

3.3.7 Stufe 7: Begrenzte Vernichtungsschläge

In dieser Stufe, die in der Feuerwehr hoffentlich nicht mehr auftritt, weil vorher gehandelt wurde, nimmt der Konflikt an Härte deutlich zu. Christian und Andreas starten Aktionen, die den anderen tatsächlich schädigen. So wirft Andreas das vor dem Einsatz im Spind abgelegte Schlüsselbund in den Brunnen neben dem Gerätehaus und Christian probiert sein neues Feuerwehrmesser am Vorderrad des E-Bikes von Andreas aus. Es folgen weitere Taten bei der Übung und im Einsatz, die auch Verletzungen beispielsweise durch Sturz nach Beinstellen auf

3.3 Eskalationsbeispiele im Feuerwehralltag

dem Weg zur TS oder absichtliches Einklemmen der Finger des anderen beim Kuppeln des Saugschläuche beinhalten und dadurch auch den Sicherheitsbeauftragten und die Feuerwehrunfallkasse ins Spiel bringen.

Anmerkung: Spätestens jetzt wäre Schluss, sollte nicht vorher schon reagiert worden sein. Die beiden Konfliktbeteiligten dürfen nicht mehr am Dienst teilnehmen, bis eine Klärung erfolgt ist.

3.3.8 Stufe 8: Zerstörung

Konfliktbeteiligte sind in dieser Situation nur noch auf die Schädigung des anderen aus. Christian zerkratzt das Auto von Andreas Freundin. Andreas zersticht die Reifen am Firmenbus von Christian. Weitere solche Beispiele lassen Anzeigen folgen und rufen immer wieder die Polizei auf den Plan, die nun zum Handeln gezwungen ist und Verfahren einleitet.

Achtung:
Diese Stufe wird in der Feuerwehr nicht mehr anzutreffen sein.

3.3.9 Stufe 9: Gemeinsam in den Abgrund

Das bittere Finale der Eskalationsstufen ist in der Regel der offene Schlagabtausch, meist mit Einsatz roher Gewalt. Christian und Andreas treffen an einer Straßenkreuzung aufeinander und gehen auf offener Straße sofort mit Messer und

3 Wie entwickelt sich ein Konflikt?

Baseballschläger aufeinander los. Sie sind dabei blind vor Wut und handeln nicht mehr rational. Das Umfeld ist ihnen egal und sie nehmen gar nicht wahr, dass in unmittelbarer Nähe eine Familie mit Kindern auf dem Weg zum Kindergarten ist. Durch die mit Waffen ausgetragene Auseinandersetzung sind sie plötzlich und unmittelbar gefährdet. Weitere Passanten und Anwohner rufen die Polizei, die mit einem Großaufgebot anrückt und beide Kontrahenten noch vor Ort verhaftet.

4 Konfliktlösungsverfahren im Überblick

Nach der Darstellung, was ein Konflikt ist, welche Ausprägungen er annehmen und wie er bei fehlender Konfliktlösung eskalieren kann, soll in diesem Kapitel ein Überblick über verschiedene Konfliktlösungsmethoden gegeben werden.

> **Merke:**
> Der Glaube, ein Konflikt löse sich von allein, man müsse nur lange genug warten, ist ein Irrglaube.

Nur sehr wenige Konflikte geraten nach einiger Zeit in Vergessenheit oder lösen sich ohne ein Eingreifen auf. Meist bedingt durch eine zufällige Begebenheit, wenn z. B. bei der Berufsfeuerwehr die Beteiligten an verschiedene Standorte versetzt werden oder bei der Freiwilligen Feuerwehr ein Mitglied den Beruf wechselt und aus dem Ort wegzieht. Die Mehrzahl der Konflikte benötigt eine aktive Lösungsstrategie, um nicht vor sich hinzuschwelen und mit der Zeit zu eskalieren. Konflikte können beispielsweise durch den Einsatz von Macht und Recht oder durch einen Interessenausgleich gelöst werden. Dabei ist der Machteinsatz seit Einführung von Recht und Gesetz glücklicherweise nicht mehr mit Gewalt verbunden. Es ist eher die Drohung mit einem Übel, und funktioniert häufig dann, wenn der Gegenüber vom Machausübenden nicht zur Erreichung eigener Ziele benötigt wird. Typisch für den Einsatz von Macht ist die Drohung mit einer Klage oder der Entzug gewohnter Leistungen. Eine andere Möglichkeit zur Konfliktlösung ist die vernünftige Verhandlung der Interessen. Wenn weder Macht noch vernünftige Interessenverhandlungen funktionieren, kommt Recht als Mittel zur Konfliktlösung in Betracht und ein Richter wird in diesem Fall ein bindendes Urteil fällen. Der Einstieg in die Konfliktlösung kann zu jedem Zeitpunkt erfolgen. Für einzelne Konfliktlösungsverfahren werden mit fortgeschrittener Eskalation die Erfolgsaussichten jedoch geringer. Konfliktlösungen im Bereich Interesse und Konsens, setzen auf Vernunft und einen Lösungswunsch der Beteiligten. Diese werden ihre Lösung selbst finden, ggf. unterstützt durch einen unbeteiligten, neutralen Dritten. Solche Verfahren werden autonome Verfahren genannt. Konfliktlösungsverfahren, die rechtsgestützt und durch einen mit Macht ausgestatteten Dritten, wie es beispielsweise ein Richter ist, verbindlich entschieden werden, gehören zu den heteronomen Verfahren (Ponschab 2014).

4.1 Heteronome Verfahren

4.1.1 Gerichtsverfahren

In einem Urteilsverfahren findet der Gerichtsprozess vor staatlichen Gerichten statt. Er endet in der Regel mit einem rechtskräftigen Urteil, welches mit Hilfe staatlicher Organe vollstreckt werden kann (Ponschab 2014). Eine Ausnahme ist der Vergleich in einem Güteverfahren im Rahmen eines Zivilprozesses (Feldmann & Geldner 2016). Dem Gewinner des Gerichtsverfahrens mit einem Urteilsspruch steht ein staatlicher Apparat zur Verfügung, der ihn unterstützt, seine als richtig bestätigte Meinung dem unterlegenen Gegner gegenüber durchzusetzen (Schweizer 2014). Durch entsprechende Prozessordnungen ist der Ablauf gesetzlich geregelt. Diese Einbindung staatlicher Gewalt zur Durchführung privater Interessen ersetzt die verbotene Selbstjustiz. Ein Gericht kann auch ohne mündliche Verhandlungen entscheiden und Fristen abkürzen. Ebenso möglich sind einstweilige Anordnungen in Familiensachen oder einstweilige Verfügungen im Zivilprozess als vorläufiger Rechtsschutz. In diesen Fällen werden konkrete Maßnahmen in Verfahren, die in der Hauptsache noch verhandelt werden, schon vor einem Urteil umgesetzt (Ponschab 2014).

4.1.2 Schiedsverfahren

Schiedsverfahren werden auch Arbitration genannt und sind ebenfalls Verfahren auf Rechtsbasis. In einem Schiedsverfahren werden Konflikte zwischen zwei Parteien regelmäßig durch private Dritte entschieden. Diese Entscheidung ist nach § 1055 ZPO vergleichbar mit einem rechtskräftigen gesetzlichen Urteil, weil der Schiedsspruch durch Gerichte nicht oder nur sehr eingeschränkt überprüfbar ist (Feldmann & Geldner 2016). Das Verfahren ist nicht so förmlich wie ein Gerichtsverfahren und erlaubt den Parteien, einen Schiedsrichter selbst auszuwählen. Da dieses Verfahren außerhalb der Öffentlichkeit bleibt, schafft es Verschwiegenheit. Neben dem normalen Verfahren mit Schiedsrichter, gibt es eine abgewandelte Verfahrensform, in der ein Schiedsgutachter nicht über das gesamte Problem, sondern nur über einen Teil der Thematik entscheidet, der jedoch für die Gesamtlösung meist entscheidend ist (Ponschab 2014).

4.2 Autonome Verfahren

4.2.1 Schlichtung

Eine Schlichtung bezeichnet ein außergerichtliches Verfahren, bei dem die Parteien einen externen Dritten hinzuziehen, der jedoch keine abschließende Entscheidungsgewalt besitzt (Feldmann & Geldner 2016). Wenn es im Schlichtungsverfahren nicht zu einem Vergleich kommt, werden die Parteien versuchen, den Schlichter für sich zu gewinnen, damit er ihren Standpunkt vertritt, denn der Schlichter soll einen rechtlich unverbindlichen Entscheidungsvorschlag unterbreiten, den die Beteiligten annehmen oder ablehnen können (Ponschab 2014).

4.2.2 Neutraler Experte

Die Streitenden können zur Lösung des Problems auch einen neutralen Experten hinzuziehen, der sich beide Seiten anhört und anschließend den Parteien eine Information darüber gibt, wie er die Erfolgsaussichten in diesem Fall sieht. Es handelt sich häufig auch um eine juristische Bewertung des Problems durch den neutralen Experten. In einigen Fällen werden nach der Information durch den Experten über die Erfolgsaussichten weitere Gespräche über Möglichkeiten zur Einigung besprochen (Ponschab 2014). Diese Art eignet sich für die Lösung von Sachkonflikten und offene rechtliche Fragestellungen, etwa bei einem Konflikt über die Möglichkeit, das Feuerwehrfahrzeug mit einem besonderen Zubehör auszurüsten oder bei Vertragskonflikten zwischen der Gemeinde und dem hauptamtlich beschäftigten Gerätewart.

4.2.3 Verhandlung und Mediation

Sobald man die andere Partei für die Erreichung des gewünschten Zieles benötigt, spricht man von einer Verhandlung. Für eine Verhandlung ist Selbstbestimmung ausschlaggebend. Damit ist eine Verhandlung ausgeschlossen, wenn eine Partei zur Teilnahme gezwungen wird (Ponschab 2014). Wenn die Konfliktbeteiligten einen neutralen Dritten beauftragen, ihnen bei dem Konflikt zu helfen, spricht man von einer Mediation. Der beauftragte Dritte erhält jedoch keine Machtbefugnisse für eine Entscheidung, welcher der Standpunkte der Konfliktbeteiligten richtig und welcher falsch ist. Nur die Parteien selbst sind für die Lösung verantwortlich, allein die Organisation und strukturierte Umsetzung sind Aufgabe des Mediators (Schweizer 2014). Der Unterschied zur Schlichtung ist die Tatsache, dass ein Mediator keine Lösungsvorschläge unterbreitet, sondern die Konfliktparteien im Verfahren dazu bringt, diese selbst zu entwickeln und sich auf eine gemeinsame Lösungsoption zu verständigen. Durch die von beiden Konfliktparteien selbst entwickelte und vereinbarte Lösung, hat die Mediation einen großen Vorteil gegenüber anderen Verfahren. Die Konfliktparteien können sich nach einer erfolgreichen Mediation weiter in die Augen schauen, da es durch das Verfahren zwei Gewinner gibt. Ein Urteil oder Schiedsspruch erzeugt im Gegensatz dazu nur einen Gewinner und einen Verlierer. Die Mediation ist eine sehr gute Konfliktlösungsmethode insbesondere für die Feuerwehr. Die beteiligten Feuerwehrkameradinnen und Feuerwehrkameraden sind nach der Lösung in der Lage, weiterhin uneingeschränkt in der Feuerwehr aktiv zu sein.

4.3 Mischformen

Viele Konfliktlösungen finden in Verfahren statt, die Bausteine aus verschiedenen der oben genannten Verfahren einsetzen oder zunächst in einer Form beginnen und dann in eine andere Form übergehen. So kann eine Mediation, die keinen Erfolg verspricht, beendet werden und in ein Schiedsverfahren übergehen. Dabei darf der Mediator anschließend jedoch nicht der Schiedsrichter sein. Auch ein Güterichterverfahren stellt ein solches Mischverfahren dar, bei dem zunächst vor einem Güterichter verhandelt wird und im Falle des Scheiterns ohne eine gütliche Einigung, durch einen Spruchrichter entschieden wird. Weitere Mischformen sind beispielsweise als Last-Offer-Arbitration bezeichnete Schiedsverfahren, bei denen dem Schiedsrichter vor dem Schiedsspruch von den Beteiligten letzte Angebote gemacht werden, die er bewertet und prüft. Er muss sich für das Angebot, welches am ehesten der Rechtslage entspricht, entscheiden und dieses in seinem Schiedsspruch berücksichtigen (Ponschab 2014). Diese Mischformen sind insbesondere bei Wirtschaftskonflikten anzutreffen.

5 Unterstützung durch externe Konfliktlösung – Mediation

Die Konfliktlösung innerhalb der Feuerwehr stößt schnell an ihre Grenzen. Für die professionelle Konfliktlösung insbesondere von fortgeschrittenen Konflikten ist frühzeitig ausgebildetes Personal erforderlich, bevor die Konflikteskalation zu weit fortgeschritten ist. Ausgebildete Konfliktlöser, die zufällig auch in der Freiwilligen Feuerwehr Dienst leisten, gibt es hier und da. Meist ist es jedoch notwendig, auf eine externe Unterstützung zurückzugreifen.

5.1 Geeignete Verfahren

Die externe Konfliktlösung für eine Feuerwehr ist mit der Mediation hervorragend aufgestellt. Sie ist geeignet, Konflikte, die die Stufen 1–4 der Konflikteskalation (▶ Kapitel 3.2) noch nicht überschritten haben, zu lösen. Konflikte oberhalb dieser Stufen sind nur noch im Einzelfall lösbar und scheitern meist am Willen der Beteiligten sich (noch) auf eine freiwillige Konfliktlösung einzulassen. Weiter fortgeschritten, sind die Konflikte dann schnell auf einer Ebene, die eine rechtliche Betrachtung oder gar Strafverfolgung nötig machen und im Regelfall auch mit einer Entlassung aus dem Feuerwehrdienst verbunden sind.

5.2 Das Mediationsgesetz

Die Mediation fand erst vor etwa 12 Jahren Einzug in die deutsche Gesetzgebung. Zur Umsetzung der EU-Richtlinie 2008/52/EG legte die Bundesregierung im April 2011 den Entwurf des Gesetzes zur Förderung der Mediation und anderer Verfahren der außergerichtlichen Konfliktbeilegung vom 01.04.2011 vor. Ein gutes Jahr später wurde das Gesetz verabschiedet und trat im Juli 2012 in Kraft. Darin enthalten ist auch das am 26.07.2012 in Kraft getretene Mediationsgesetz. Es werden darin Begriffe bestimmt und Aufgaben und Pflichten des Mediators geregelt. Weiterhin werden klare Vorschriften zur Vertraulichkeit des Verfahrens gemacht (Feldmann & Geldner 2016). Ergänzend wurde die Zivilprozessordnung angepasst und in § 278 Abs. 5 ZPO die Mediation als Verfahren für den Güterichter erfasst. Der § 278a ZPO erteilt einem Gericht die Befugnis, die Mediation oder ein anderes Verfahren der außergerichtlichen Konfliktbeilegung vorzuschlagen. Das Mediationsgesetz ist sehr knappgehalten. Für die umfassende Anwendung müssen einige Auswirkungen in weiteren Rechtsvorschriften nachvollzogen oder geklärt werden. Die neun Paragrafen des Mediationsgesetzes gliedern sich in die Abschnitte Begriffsklärung und Regulierung der Anwendbarkeit (§ 1), Verfahren sowie Aufgaben und Pflichten des Mediators (§§ 2–4), Ausbildung des Mediators (§ 5–6) und Implementierung (§ 7–9) (Trossen 2016).

5.3 Grundsätze der Mediation

Mediation ist im Mediationsgesetz in § 1 Abs. 1 als vertrauliches und strukturiertes Verfahren definiert, bei dem Parteien mit Hilfe eines oder mehrerer Mediatoren freiwillig und eigenverantwortlich eine einvernehmliche Beilegung ihres Konflikts anstreben.

In der Definition werden bereits wichtige Verfahrensaspekte genannt. Ergänzend ist in § 1 Abs. 2 Mediationsgesetz geregelt, dass der Mediator unabhängig und neutral sein muss. Diese Aspekte sind die Verfahrensgrundsätze der Mediation und werden auch als Prinzipien oder Grundsätze der Mediation bezeichnet und in den nächsten Kapiteln näher erläutert.

5.3.1 Freiwilligkeit

Die Parteien sollen jederzeit frei entscheiden können, ob sie an dem Verfahren teilnehmen wollen. Das Mediationsgesetz verpflichtet den Mediator in § 2 Abs. 2, sich zu vergewissern, dass die Beteiligten die Grundsätze des Verfahrens kennen und freiwillig an der Mediation teilnehmen. Nicht nur zu Beginn, sondern auch jederzeit während des Verfahrens besteht nach § 2 Abs. 5 Mediationsgesetz die Entscheidungsmöglichkeit und erlaubt den Beteiligten, ohne Nachteile aus dem Verfahren aussteigen zu können bzw. die Mediation zu beenden (Feldmann & Geldner 2016). Dadurch soll eine offene Verhandlungsatmosphäre geschaffen werden, die somit Verhandlungen ohne Druck von außen ermöglicht und zu einer freiwilligen und eigenverantwortlich erzielten, einvernehmlichen Lösung führt (Kracht 2016). Wenn eine Konfliktpartei so mächtig erscheint, dass sie die Bedingungen der Verhandlungen diktieren könnte, liegt ein starkes Machtungleichgewicht vor, welches auch als faktische Unfreiwilligkeit bezeichnet wird (Feldman & Geldner 2016). Auch bei einer Mediation in einem Unternehmen oder einer vergleichbaren Organisation gilt der Grundsatz der Freiwilligkeit. Die Anordnung eines Vorgesetzen an seine zerstrittenen Untergebenen, doch an einer Mediation teilzunehmen, um mögliche Konsequenzen zu vermeiden, ist eine Ausgangssituation, die einen Mediator veranlassen wird, den Beteiligten den Grundsatz der Freiwilligkeit eingehend zu erläutern. Optimalerweise geschieht das im Zusammenhang mit den Vorteilen der Mediation, um den Konfliktbeteiligten die großen Chancen aufzuzeigen und dem Start in ein Mediationsverfahren eine Chance zu geben (Ponschab & Schweizer 2017).

5.3.2 Eigenverantwortlichkeit

Das im § 1 Mediationsgesetz aufgeführte Prinzip der Eigenverantwortlichkeit gibt vor, dass die Konfliktbeteiligten selbst über das Verfahren und die Inhalte entscheiden. Beginn und Ort der Mediation, Verfahrensregeln und Inhalte sind Punkte, die die Beteiligten selbst bestimmen (Feldmann & Geldner 2016). Der Mediator ist als, von den Parteien ausgewählter, Unterstützer dabei und hilft, die Verhandlungen in einer geordneten Form umzusetzen. Er ist kein Schiedsrichter oder Schlichter, d.h. die Parteien erarbeiten ihre Lösung selbst

5.3 Grundsätze der Mediation

(Kracht 2016). In der Literatur wird der Begriff der Eigenverantwortlichkeit bezogen auf das Verhalten eines Mediators diskutiert. Was kann oder darf ein Mediator in einer Mediation an Hilfen geben, wenn sich eine Situation festfährt oder Machtungleichgewichte auftreten? Es werden in diesem Zusammenhang passive oder aktive Mediation als Begriffe erörtert. In einer passiven Mediation würde ein Mediator als reiner Kommunikator fungieren, der das Verfahren lediglich verwaltet. Der passive Mediator lehnt jegliche Verantwortung für das Mediationsergebnis ab. Er würde nicht eingreifen, wenn sich Einigungen zum Nachteil einer Partei entwickeln würden, diese Partei es aber selbst nicht bemerkt. Ebenso würde er auch nicht prüfen, ob bereits alle notwendigen Beteiligten an der Mediation teilnehmen. In einer aktiven Mediation würde ein Mediator die oben genannten Beispiele anders umsetzen und, wenn notwendig, auch Vorschläge in die Verhandlung einbringen oder auf eine rechtliche Überprüfung von Einzelaspekten hinwirken. Insbesondere die Möglichkeit, Machtungleichgewichte mit etwas Aktivität besser ausgleichen zu können, führt in Deutschland zur Bevorzugung der aktiven Mediation (Kracht 2016). Auch ich bevorzuge diese Variante ausdrücklich.

5.3.3 Vertraulichkeit

Ein weiterer und sehr wichtiger Verfahrensgrundsatz ist die Vertraulichkeit. In § 4 Mediationsgesetz ist die Verschwiegenheitspflicht des Mediators geregelt. Diese Vertraulichkeit gilt auch für die Beteiligten und ist in § 1 Abs. 2 Mediationsgesetz geregelt. Der Erfolg eines Mediationsverfahrens hängt wesentlich davon ab, ob die Parteien über die Möglichkeit verfügen, ihre regelungsbedürftigen Interessen und die damit in Zusammenhang stehenden Informationen, offen oder in Einzelgesprächen, angeben zu können (Hartmann 2016). Dazu benötigen die Beteiligten die Sicherheit, sich in einem geschützten Bereich zu bewegen (Kracht 2016). Dieser sichere Rahmen der Vertraulichkeit übersteuert auch andere Verfahrensgrundsätze. Insbesondere die Einzelgespräche, als eine mögliche Form des Verfahrens, wenn die Parteien (noch) nicht gemeinsam an einem Tisch sitzen können, fordern den Mediator in puncto Vertraulichkeit doppelt.

Achtung:

Neben der Verschwiegenheitspflicht nach außen, besteht auch eine Verschwiegenheitspflicht gegenüber den anderen Beteiligten.

Dabei ist es irrelevant, ob es sich um eine Mediation mit zwei oder mehreren Beteiligten handelt (Ponschab & Schweizer 2017). Auch bei einer innerbetrieblichen Mediation im Auftrag eines Unternehmens oder einer Feuerwehr, welches eine Streitigkeit in einem Team oder zwischen Kameraden durch eine Mediation lösen möchte, steht häufig die Anforderung an den Mediator im Raum, nach den Sitzungen kurz über den Fortschritt zu berichten. Hier muss der Mediator auf seine Verschwiegenheitspflicht hinweisen. Die Verschwiegenheitspflicht gilt nicht für Informationen, die schon vorher bekannt waren oder allgemein zugänglich sind. Es ist die wichtige Aufgabe des Mediators, durch eine entsprechende Verein-

5.3 Grundsätze der Mediation

barung, die Vertraulichkeit zu sichern. Im Mediationsvertrag mit den Beteiligten sollte er festlegen, dass diese sich im Rahmen der Gesetze an die Verpflichtung zu Vertraulichkeit halten. In dieser Regelung kann auch eine Vertragsstrafe vereinbart werden, die z. B. bei einer gescheiterten Mediation, auf vertraulichen Informationen basierende Handlungen im Anschluss unattraktiv macht und so vermeidet (Kracht 2016). Ebenfalls in diese Vereinbarung gehört die Regelung, dass der Mediator in einem ggf. folgenden Zivilprozess nicht aussagen darf. Dadurch kann und muss der Mediator im Zusammenhang mit § 4 Mediationsgesetz die Aussage verweigern. Für die Verfahrensbeteiligten ist damit die Vertraulichkeit und gleichermaßen auch die Neutralität lückenlos sichergestellt (Kracht 2017).

Mediationsvertrag:

Ein Mediationsvertrag hält fest:
- Alle Beteiligten müssen sich an die Verpflichtung zur Vertraulichkeit halten.
- Der Mediator ist neutral und unparteiisch.
- Welche Beteiligte nehmen teil und wie kann dieser Kreis ggf. erweitert werden – falls nötig.
- Die Parteien legen einfache Regeln für die Kommunikation in der Mediation fest. (zuhören, aussprechen lassen, sachlich bleiben, Emotionen möglichst vermeiden)
- Wann und wie darf der Mediator eingreifen, wenn die Diskussion aus dem Ruder läuft?
- Dass die Mediation ein freiwilliges Verfahren ist und von jedem Beteiligten jederzeit beendet werden kann.

5 Unterstützung durch externe Konfliktlösung

Ausnahmen von der Verschwiegenheitspflicht erlaubt § 4 Mediationsgesetz, wenn die Offenlegung der Mediationsvereinbarung zur Umsetzung oder Vollstreckung dieser Vereinbarung erforderlich ist.

Ebenso ist in einem Fall der Gefährdung der öffentlichen Ordnung, insbesondere zur Abwendung einer Kindeswohlgefährdung oder schwerwiegenden Beeinträchtigung der physischen oder psychischen Integrität, die Verschwiegenheitspflicht aufgehoben. Sollte ein Mediator als Zeuge in einem strafrechtlichen Verfahren aussagen müssen, ist eine Berufung auf die Verschwiegenheitsverpflichtung nach § 4 Mediationsgesetz nicht möglich, es sei denn, der Mediator ist in einem Grundberuf tätig, der nach Strafrecht ein Recht auf Aussageverweigerung einräumt (Kracht 2016). Bei einer Mediation mit mehreren Mediatoren ist die Verschwiegenheitspflicht zwischen den Mediatoren nicht relevant, da diese über alle Informationen verfügen müssen, um eine optimale Mediation gewährleisten zu können. Somit können sich die Mediatoren auch über Ergebnisse von Einzelgesprächen mit Beteiligten austauschen. Sollen im Mediationsverfahren Inhalte oder Protokolle der Einzelgespräche an alle Beteiligten verteilt werden, ist vorher eine Zustimmung der Beteiligten erforderlich (Kracht 2017).

5.3.4 Unabhängigkeit und Neutralität

Ein sehr wichtiger und ebenfalls im Mediationsgesetz geregelter Verfahrensgrundsatz, ist die Unabhängigkeit und Neutralität des Mediators. Er darf keiner Partei verbunden oder von ihr

5.3 Grundsätze der Mediation

abhängig sein, um eine neutrale Verfahrensbegleitung durchführen zu können (Feldmann & Geldner 2016). Die Wichtigkeit wird im Mediationsgesetz durch die häufige Nennung noch betont. Der Begriff Unabhängigkeit bezieht sich dabei auf die Person des Mediators, während mit der Neutralität auf die Verfahrensleitung durch den Mediator eingegangen wird (Greger 2016). Ein Mediator trifft keine Entscheidungen hinsichtlich der Problemlösung und sein Handeln basiert nicht auf seinen eigenen Interessen, Überzeugungen oder Sympathien zum Thema des Verfahrens (Auferkorte & Michaelis 2016). Somit ist die Unabhängigkeit im Rahmen der Auswahl des Mediators bereits vor einem Verfahren zu klären. Während des Verfahrens gilt es, die Neutralität des Mediators zu beachten. Sie wird in der Regel auch im Mediationsvertrag festgeschrieben, um den Parteien deutlich zu machen, die Lösung eigenständig erreichen zu müssen. Sie werden nicht auf einen Vorschlag des Mediators setzen können. Der Mediator soll als unabhängiger und neutraler Dritter das Verfahren garantieren. Wenn die Streitparteien einen Mediator auswählen, hat der Mediator gem. § 3 Abs. 1 Mediationsgesetz alle Umstände offen zu legen, die seine Unabhängigkeit und Neutralität beeinträchtigen könnten (Kracht 2017).

Als Mediator ungeeignet sind jene, die eine besondere Nähe-Beziehung zu einer der Parteien haben, die in der Öffentlichkeit bereits Äußerungen zu dem im Verfahren relevanten Thema getätigt oder Meinungen dazu vertreten haben, und jene Mediatoren, die als Interessenvertreter einer bestimmten gesellschaftlichen Gruppierung tätig sind, wenn dieses Thema im Verfahren relevant ist. Ein Mediator darf bei Vorliegen von Umständen, die seine Unabhängigkeit gefährden, grundsätzlich nur tätig werden, wenn alle Parteien zustimmen. Beispielsweise in einem Verfahren, bei dem der Mediator mit beiden Beteiligten gleichermaßen verwandt ist, z. B. wenn sich Tante und Onkel des Mediators scheiden lassen und ihn als Mediator nutzen möchten. Anders wäre die Situation, wenn der Mediator nur mit einer Person verwandt ist, z. B. ein Verwandter, der sich mit einem Nachbarn streitet. Hier ist die Unabhängigkeit nicht gewährleistet (Kracht 2017). Jede Partei kann die Zustimmung zu einem Mediator verweigern, unabhängig davon, ob das objektiv berechtigt ist (Gregor 2016). In § 3 Abs. 2 Mediationsgesetz ist geregelt, dass nicht als Mediator tätig werden darf, wer vor der Mediation für eine Partei in gleicher Sache tätig war. Das kann beispielsweise eine anwaltliche Beratung vor der anschließenden Mediation sein. Hier ist auch keine Ausnahme mit Einverständnis möglich. Innerhalb eines laufenden Verfahrens spielt die Neutralität des Mediators eine wichtige Rolle. Sie wird in der Literatur häufig in einen Zusammenhang mit dem Begriff Allparteilichkeit gebracht. So soll der Mediator in einem Verfahren keine Positionen für oder gegen einen Beteiligten beziehen. Das Verhalten des Mediators im Verfahren sollte in einer generalisierten Form zu den Beteiligten, sowie den auftretenden Themen stehen (Montada 2012).

Achtung:
Innerhalb eines Mediationsverfahrens ist die Neutralität des Mediators gesetzlich vorgeschrieben.

Auch bei Mediationen mit Machtungleichgewichten ist die Neutralität und Allparteilichkeit wichtig. Das Einräumen von gerechten Redezeiten oder Unterbrechen bei Verstößen zu Beginn gemeinsam festgelegter Verfahrensregeln ist keine Verletzung der Neutralität. Auch wenn es gegen eine Partei wegen mehrfachen Verstoßens häufiger erfolgt. Dieses Eingreifen trägt dazu bei, das Verfahren, wie von beiden Parteien gewünscht, strukturiert durchführen zu können.

5.3.5 Informiertheit

Für eine nachhaltig befriedigende Konfliktlösung ist es notwendig, dass alle Beteiligten des Verfahrens über die gleichen Informationen und Umstände verfügen, die für den Fall relevant sind. Außerdem sollten alle Beteiligten bereit sein, eine Lösung erzielen zu wollen. Zielt ein Beteiligter von Beginn darauf ab, keine Verhandlungen zu wollen, sondern nur eine für ihn von Anfang an feststehende Lösung »durchboxen« zu wollen, ist eine Mediation nicht möglich und abzulehnen.

Ein Austausch aller relevanten, ggf. auch notwendigen rechtlichen Grundlagen ist ebenso wichtig, wie die klare Information über die Absichten in dem Verfahren. Der Mediator achtet dabei auch auf die ggf. notwendige Nutzung eines Experten, wenn ein Beteiligter offensichtlich über nicht ausreichende Hintergrundinformationen oder Sachkenntnisse verfügt. Der Mediator selbst fungiert im Verfahren, wie im vorigen Kapitel beschrieben, neutral und kann daher, selbst bei konkreter Sachkenntnis, nicht von einem Beteiligten als Experte herangezogen werden. Das Mediationsgesetz legt in den Paragrafen §§ 2 und 6 fest, welche Informationspflichten der

5 Unterstützung durch externe Konfliktlösung

Mediator einzuhalten hat. Es führt dort indirekte und direkte Informationspflichten auf.

Tabelle 1: *Direkte und indirekte Informationspflichten*

Direkte Informationspflichten	Indirekte Informationspflichten
Beratungsbedarf durch externe Berater	Möglichkeit der freien Mediatorenwahl
Auskunftspflicht über den Umfang der Vertraulichkeit	Grundzüge und Ablauf des Verfahrens
Verschwiegenheitspflicht erläutern	Freiwilligkeit, d. h. die Möglichkeit, jederzeit die Mediation ohne Nachteile beenden zu dürfen
	Zustimmungsbedarf für Einzelgespräche
	die Beteiligung Dritter für eine laufende Mediation

Ein Spannungsfeld entsteht in einer Mediation, wenn sich verschiedene Grundsätze überlagern. Ein Beispiel ist im Rahmen des Grundsatzes der Informiertheit die Situation, wenn einer der Beteiligten dem Mediator eine Information vertraulich, d. h. mit dem Hinweis, diese nicht an die andere Partei weiterzugeben, erteilt. In diesem Fall übersteuert der Grundsatz der Vertraulichkeit (▶ Kapitel 5.3.3) den Grundsatz der Informiertheit. Eine Information mit dem Hinweis, diese nicht weitergeben zu dürfen, kann ein Mediator somit trotz des

5.4 Ablauf einer Mediation

Grundsatzes der Informiertheit nur indirekt für das Verfahren nützlich machen.

5.4 Ablauf einer Mediation

Der Ablauf einer Mediation gliedert sich in aufeinander folgende Phasen. Deren Anzahl, Inhalte und Bezeichnung ist nicht einheitlich geregelt, es gibt verschiedene Ansätze:

Das Drei-Phasen-Modell von Christopher W. Moore (Moore 2014) besteht aus einer Vorbereitungsphase, der Mediationsphase und der Abschlussphase. In der Mediationspraxis und bei der Ausbildung neuer Mediatoren hat sich ein detaillierteres 5-Phasen Modell durchgesetzt, welches aus den folgenden fünf Phasen besteht (Schweizer 2014):

1. Eröffnung – den sicheren Rahmen schaffen, Gesprächsregeln
2. Sachverhaltsklärung – Konfliktdarstellung, Positionen und Sichtweisen
3. Interessen – Klären der Interessen, Bedürfnisse und Ziele
4. Lösungsoptionen – Lösungssuche, Ideensammlung ohne Bewertung
5. Mediationsvereinbarung – Lösungsideen verhandeln, konkrete Vereinbarung

5.4.1 Vorbereitung

Der ersten Phase geht eine Vorbereitung voraus. Dazu gehört zunächst je ein Vorgespräch mit den einzelnen Konfliktparteien. Dieses findet meist telefonisch statt. Dieses Vorgespräch soll in erster Linie klären, ob es zu einer Mediation kommt. Nicht jeder kann mit der Konfliktlösungsmethode Mediation direkt etwas anfangen. Das Vorgespräch dreht sich um den Grundsatz der Freiwilligkeit und Informiertheit. Es findet statt, nachdem der Kontaktwunsch an den Mediator herangetragen wurde, oder er durch einen der Beteiligten kontaktiert wurde. Im Gegensatz zur Phase 1 der Mediation geht es in diesem Vorgespräch noch nicht um Inhalte der Mediation und die persönlichen Punkte der angerufenen Beteiligten. Vielmehr soll eine kurze Schilderung der Parteien, worum es aus deren Sicht grundsätzlich in diesem Konflikt geht, helfen und feststellen, ob die Mediation überhaupt das richtige Verfahren für diesen Fall ist und ob alle Konfliktbeteiligten dem Mediator bekannt sind. Der Aufbau von Vertrauen, die Abstimmung des organisatorischen Rahmens und die Erläuterung der Kostenregelung sind ebenfalls Bestandteil des Vorgespräches (Ponschab 2014). Mediation ist nicht jedermann bekannt, daher kann eine kurze Erklärung des Verfahrens hilfreich bzw. erforderlich sein, um falsche Erwartungen zu korrigieren und die Informiertheit über das Verfahren und die Möglichkeiten daraus sicherzustellen. Dabei ist Fingerspitzengefühl erforderlich, um die Beteiligten einerseits nicht mit Fakten zu überfordern, andererseits aber auch individuelle Besonderheiten im Hintergrund zu klären. Solche Besonderheiten können sein: Wer lädt wen ein? Ist die Freiwilligkeit sichergestellt? Sind besondere familiäre oder kulturelle Gegebenheiten zu beachten (Sauerborn 2019)?

5.4.2 Phase 1: Eröffnung

In der ersten Phase geht es darum, einen sicheren Rahmen zu schaffen, der den Beteiligten die Grundsätze der Mediation näherbringt. Eine Mediation ist nur dann möglich, wenn sich alle Beteiligten darauf einlassen wollen und ihre Erwartungen an das Verfahren geklärt sind. Durch einen Vertrag mit dem Mediator, der ihre Aufgaben, die Gesprächsregeln und die Kosten klärt, wird die Mediation gestartet (Kessen & Troja 2016). Es werden meist Gesprächsregeln vereinbart, die dem optimalen Verlauf der Sitzungen dienen und Unterbrechungen durch den Mediator zulassen, ohne den Eindruck der Parteilichkeit aufkommen zu lassen. Nicht in jedem Fall ist diese Vereinbarung schriftlich notwendig, insbesondere wenn sich die Emotionen im Rahmen halten und die Beteiligten bereits Erfahrungen mit einem Mediationsverfahren haben. Optimalerweise sind alle Beteiligten beim ersten Termin dabei. Ist das nicht der Fall, weil es beispielsweise kulturelle oder emotionale Gründe nicht zulassen, geschieht dies in Einzelgesprächen nacheinander oder mit einem Co-Moderator auch parallel (Sauerborn 2019). Optimalerweise gelingt es in den Einzelgesprächen auch, die Hinderungsgründe für eine gemeinsame Mediation zu beseitigen. Der Grundsatz der Freiwilligkeit wird konkret angesprochen und ggf. erklärt. Ebenso der Grundsatz der Vertraulichkeit. Insbesondere dieser Grundsatz ist Teil des Mediationsvertrages, der am Ende der ersten Phase von den

Beteiligten unterschrieben wird, um die Wichtigkeit dieses Grundsatzes (▶ Kapitel 5.3.3) für alle Beteiligten zu verdeutlichen. Der Mediator erläutert ebenfalls konkret, welche Kosten durch die Mediation entstehen werden und wie diese beglichen werden. Einzelheiten dazu sind ebenfalls im Mediationsvertrag enthalten. Ausgenommen sind Mediationen, bei denen Auftraggeber und Konfliktbeteiligte unterschiedliche Personen sind, wie z. B. bei einem Mediationsauftrag für eine Feuerwehr. Der Mediator stellt in dieser frühen Phase schon einmal die einzelnen Phasen der Mediation vor, um den Beteiligten den groben Ablauf aufzuzeigen. Er spricht seine Rolle im Verfahren an und auch die Rollen der Beteiligten unter dem Aspekt der Eigenverantwortlichkeit und Informiert (falls nicht schon im Vorabgespräch geschehen). Der Mediator informiert über mögliche Einzelgespräche oder eine mögliche Einbindung weiterer Personen in die Mediation und was dabei zu beachten wäre. Die Beteiligten erfahren die Hintergründe zu dem Grundsatz der Neutralität und der Allparteilichkeit des Mediators, um sein Verhalten im Verfahren nachvollziehen zu können. Abschluss dieser Phase ist die Klärung durch den Mediator, ob alle Beteiligten die Grundsätze verstanden haben oder es noch offene Fragen der Beteiligten gibt. Abschluss der Phase 1 ist die Unterschrift der Beteiligten auf dem Mediationsvertrag (Ponschab 2014).

5.4.3 Phase 2: Sachverhaltsklärung

In dieser Phase geht es darum, den Konflikt darzustellen, zu beleuchten und die Konfliktursachen zu klären. Dazu werden

5.4 Ablauf einer Mediation

die Beteiligten vom Mediator aufgefordert den Konflikt aus ihrer Sicht zu schildern. Mit Fragen wie: »Worüber möchten Sie sprechen?« oder »Was ist Ihnen wichtig?« fordert der Mediator die Beteiligten auf, z. B. Forderungen, Ansprüche oder Standpunkte zu äußern. Die Beteiligten schildern den Konflikt und gemeinsam werden die Themen erarbeitet, die in der Mediation behandelt werden sollen (Ponschab 2014). In dieser Phase kann es vorkommen, dass Emotionen eskalieren und die Beteiligten sich gegenseitig nur noch Vorwürfe machen und dabei den roten Faden des eigentlichen Prozesses verlieren. An dieser Stelle ist der Mediator gefordert, die Sitzung aktiv zu führen, Druck aus dem Kessel zu nehmen und aktiv zu steuern. Er weist mit entsprechendem Fingerspitzengefühl auf Gesprächsregeln hin oder bittet darum, die Schilderung der Sichtweisen möglichst sachlich und vorwurfsfrei vorzutragen (Stein-Remmert 2019). Die Konfliktbeteiligten entwickeln in dieser Phase den Ablauf und die Agenda für die weiteren Phasen. Dabei ist nicht wichtig, dass beide Parteien gleich viele Themen einbringen oder wie diese Themen eingebracht werden. Häufig kennen die Beteiligten den Unterschied zwischen Bedürfnissen, Interessen oder Positionen nicht oder kommen nicht allein auf die eigentliche Ursache des Konflikts. In solchen Fällen wird der Mediator Unklarheiten bei den Schilderungen der Beteiligten klären oder durch Verständnisfragen aufhellen. Durch Wiederholen des Gehörten kann er sicherstellen, dass die Aussagen richtig verstanden wurden. Den Abschluss dieser Phase bildet die Einigung auf eine gemeinsame Themensammlung. Darin finden sich die Themen der Beteiligten in einer Reihenfolge wieder, die Sie selbst festgelegt haben. Auch der Aufbau und die Stärkung des Vertrauens der Beteiligten in den

Mediator ist ein sehr wichtiger Aspekt in dieser Phase. Dieses Vertrauen unterstützt die Öffnung der Beteiligten und deren Einlassung auf das weitere Verfahren. Das ist für einen erfolgreichen Abschluss sehr wichtig (Stein-Remmert 2019).

5.4.4 Phase 3: Interessen, Bedürfnisse, Ziele klären

Diese Phase ist das Herzstück der Mediation. Die Beteiligten sollen sich in dieser Phase von ihren Ansprüchen und persönlichen, oft verfestigten, Positionen lösen und öffnen, um Gegensätze überwinden zu können. Der Konflikt wird in dieser Phase in den Mittelpunkt gerückt und genauer betrachtet. Die Beteiligten versuchen, in verständlicher Form offenzulegen, was aus ihrer Sicht hinter dem Konflikt steckt. Sie machen deutlich, um was es Ihnen dabei wirklich geht. Dadurch wird der Blick unter die Konfliktoberfläche möglich, d. h. der in ▶ Kapitel 2.2.1 beschriebene Konflikt-Eisberg kann vollständig betrachtet werden. Der Mediator erläutert den Beteiligten den Unterschied von Bedürfnissen und Interessen, wenn dies notwendig ist. Zu den Interessen gehören beispielsweise Wünsche, Sorgen, Motivationen und Ängste. Als Bedürfnisse bezeichnet man unter anderem Sicherheit, Auskommen, Akzeptanz, Freiheit und Zugehörigkeit. Anhand der Themenliste, die in der vorangegangenen Phase 2 erarbeitet wurde, stellt der Mediator Fragen zu den einzelnen, nacheinander zu besprechenden Punkten. Mit Formulierungen wie: »Was macht das mit Ihnen?«, »Was bedeutet das für Sie?«, »Warum/Wofür ist Ihnen wichtig, dass …?« oder »Worum geht es

5.4 Ablauf einer Mediation

Ihnen bei diesem Thema?«, hilft er den Beteiligten, ihre Interessen und Bedürfnisse offen zu legen. Wieder nutzt der Mediator seinen Erfahrungsschatz als Moderator und hilft durch bestimmte Fragetechniken, wenn die Konfliktbeteiligten einmal nicht genau wissen, was sie sagen oder wie sie sich ausdrücken sollten. Dabei gibt er keine Inhalte vor, sondern nutzt lediglich Moderationsansätze, um die Beteiligten zu unterstützen. Unterstützt wird diese Phase durch den Perspektivenwechsel. Dazu wird der Mediator jede Partei bitten, sich die Themenpunkte der anderen Parteien anzusehen bzw. anzuhören und zu versuchen, die Beschreibungen aus dessen Sicht nachzuvollziehen. Die Phase 3 ermöglicht den Beteiligten einen Blick auf die gekränkten und verletzten Bedürfnisse des Anderen zu erhalten.

Merke:
Dieser Abschnitt zeichnet die Mediation besonders gegenüber anderen Konfliktlösungsmethoden aus. Der Austausch der Sichtweisen des Konfliktes und der Interessen und Bedürfnisse, insbesondere im Beisein der anderen Konfliktpartei, führt oft zu wunderbaren, vorher nicht denkbaren Lösungen. Häufig kommt es dabei zu Aussagen wie: »Das habe ich nicht gewusst...« oder »Wenn das so ist, dann hätte ich niemals...«.

Dieser positive Effekt bleibt allerdings aus, wenn sich die Beteiligten nicht unmittelbar gegenübersitzen und die Schilderung des anderen Konfliktpartners unmittelbar und live erleben. Dieser Vorteil fehlt daher in einer Shuttle-Mediation, in der die Beteiligten sich nur in Einzelgesprächen, nacheinander mit dem Mediator austauschen oder in einer Online-

Mediation, die gegebenenfalls ganz ohne Mediator aber mit einem Chat-Bot und Einsatz von Apps, zukünftig noch unterstützt von Künstlicher Intelligenz (KI), abläuft. Starke Emotionen, insbesondere zu Beginn, sind auch in dieser Phase möglich und schaden dem Verfahren nicht. Durch genügend Raum im Verfahren fängt der Mediator diese auf. Die Phase 3 endet, wenn die zu Beginn eingebrachten Themen der gemeinsamen Agenda aus Phase 2 bearbeitet, beleuchtet, hinterfragt und die Interessen zusammengefasst wurden. Die Konfliktbeteiligten haben schließlich den Kern des Konfliktes herausgearbeitet und aus verschiedenen Perspektiven betrachtet. Dadurch wurde im Idealfall ein wechselseitiges Konfliktverständnis erzeugt. Verstehen bedeutet an dieser Stelle nicht Einverständnis, sondern lediglich, aus der Perspektive der anderen Partei nachvollziehen oder im Grundsatz akzeptieren zu können (Hülsdünker 2019). Mit den herausgearbeiteten Interessen geht es weiter in die nächste Phase, den Einstieg in die Problemlösung.

5.4.5 Phase 4: Lösungsoptionen erarbeiten und bewerten

In der vierten Phase ist die Kreativität der Beteiligten gefragt. Gemeinsam entwickeln sie mögliche Lösungsoptionen, die für die zu lösenden Probleme hilfreich sein können. Der Mediator kann dazu verschiedene Methoden einsetzen, beispielsweise Brainstorming oder Kartenabfrage, um die individuellen Lösungsvorschläge der Beteiligten zusammenzutragen. Entscheidend ist dabei, dass die Lösungsoptionen in dieser Phase nur

5.4 Ablauf einer Mediation

gesammelt werden. Eine Bewertung der Optionen findet nicht statt. Es werden daher alle Vorschläge festgehalten, unabhängig davon, ob sie aus der Sicht des Gegenübers zu einer Einigung führen können oder dagegensprechen. Auch Kritik an einzelnen Lösungsvorschlägen ist an dieser Stelle nicht vorgesehen. Eine Herausforderung für die laufende Mediation und die Beteiligten könnte das Festhalten der Beteiligten an eigenen Werten und Meinungen oder auch rein normativen Lösungsvarianten sein. Infolgedessen wird sich die Ausrichtung Ihrer Lösungsvorschläge starr an diesen Werten und Normen orientieren. An dieser Stelle wird der Mediator dazu anregen, kreativ zu sein, um die Ecke zu denken, um auch gänzlich andere Lösungen auf den Verhandlungstisch zu bekommen. Diese Kreativität der Lösungen, die sich bewusst von einer normativen Lösung unterscheidet, möchte ich an einem klassischen Beispiel erläutern.

Zwei Konfliktparteien streiten sich um eine Orange. Die naheliegende Lösung, die sicher auch jedem von uns zuerst in den Sinn kommt, lautet: Jeder bekommt die Hälfte. In diesem Fall würde die Orange also genau in der Mitte geteilt werden. Bei Kindern und Jugendlichen wird oft optimiert durch den Vorschlag: der eine teilt, der andere darf zuerst aussuchen. Diese Lösung steht synonym für die gerichtliche Lösung eines solchen Konfliktes. Gerecht ist: Jeder bekommt die Hälfte.

5 Unterstützung durch externe Konfliktlösung

Lösung vor Gericht

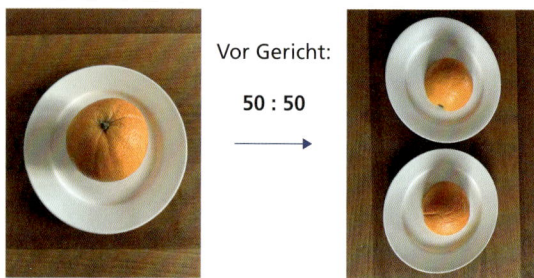

Bild 6: *Konfliktlösung 50:50*

Diese 50:50 Lösung ist für die Konfliktparteien jedoch nicht automatisch die optimale Lösung. In diesem Beispiel stellen die beiden Konfliktparteien in Phase 3 durch die oben beschriebene Vorgehensweise fest, welche Sichtweisen sie auf den Konflikt haben und welche Interessen sie verfolgen. Der eine möchte einen Orangensaft machen und der andere einen Kuchen backen.

Die Mediation ermöglicht durch eine kreative Lösungsfindung nun genau an dieser Stelle eine für beide Beteiligten sehr zufriedenstellende Lösung. Denn für den Orangensaft würde der eine Beteiligte die Schale anschließend entsorgen und der andere Beteiligte braucht für seinen Kuchen nur die geriebene Schale und hätte keine Verwendung für das Fruchtfleisch.

5.4 Ablauf einer Mediation

Interessen, Optionen, Lösung

Bild 7: *Interessen, Optionen, Lösung*

Der Lösungsvorschlag könnte somit lauten:

Der Konfliktbeteiligte A erhält das Fruchtfleisch und die Konfliktbeteiligte B erhält die Schale. Dabei ist beiden Beteiligten vollkommen egal, ob sie die gleiche Menge oder das gleiche Gewicht erhalten.

5 Unterstützung durch externe Konfliktlösung

Einvernehmliche Lösung in der Mediation

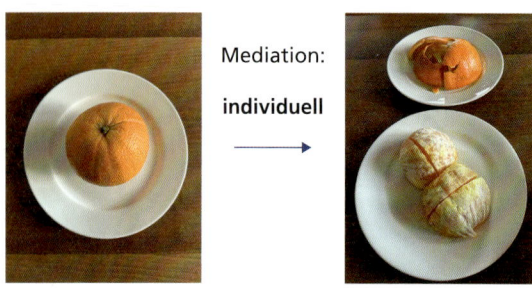

Bild 8: *Einvernehmliche Lösung in der Mediation*

Diese Lösung steht synonym für viele andere Situationen und soll verdeutlichen, wie erfolgreich eine Mediation mit kreativen statt normativen Lösungen sein kann. Die normative und vordergründig gerechte Lösung hätte aus beiden Konfliktparteien Verlierer gemacht. Beide hätten für ihre Interessen nur die Hälfte des Möglichen zur Verfügung gehabt. Übertragen auf Beziehungskonflikte würden sich nach der normativen Lösung beide Konfliktparteien weiterhin als Verlierer fühlen und häufig die Schuld dafür weiter beim Gegenüber statt beim Entscheider suchen. Durch die Mediation gehen beide Beteiligte als Gewinner aus dem Konflikt. Sie haben das Maximale erreicht, ohne sich geschädigt zu fühlen. Auch diese Situation lässt sich auf andere Konflikte übertragen und ermöglicht es, zu verstehen, dass solche individuellen und kreativen win-win Konfliktlösungen es erlauben, dass sich die Beteiligten anschließend wieder in die Augen sehen können und wieder zusammen Dienste oder Einsätze fahren können. Die Konfliktpartner benötigen ausreichend Zeit für diese entscheidende Phase, um ohne Einschränkungen alle Varianten durchdenken zu können.

Merke:

Meist sind kreative Lösungen erfolgsversprechender als normative Lösungen. Im Zuge einer Mediation können diese erarbeitet werden.

Achtung:

In komplexen Konfliktsituationen, die konkrete rechtliche oder technische Kenntnisse bei den Beteiligten erfordern, kann es in dieser Phase auch notwendig sein, dass sich eine oder beide Parteien von einem Experten beraten lassen. Das können die Personalabteilung, ein Anwalt, Steuerberater oder Gutachter sein.

5.4.6 Phase 5: Mediationsvereinbarung

Die letzte Phase der Mediation befasst sich mit der Bewertung und Auswahl der abschließenden, gemeinsamen Lösung des Konfliktes aus dem vorher von den Beteiligten zusammengetragenen Pool von Lösungsoptionen. Dabei werden aus verschiedenen Möglichkeiten und Ideen, konkrete und umsetzbare Lösungen erarbeitet. Auch in dieser Phase kann bei komplexeren Konflikten eine Rückfrage für die Beteiligten bei ihrem Fachexperten notwendig werden, um zu prüfen, ob eine vorgeschlagene Mediationsvereinbarung annehmbar ist (Kessen & Troja 2016). Damit wird auch § 2 Abs. 6 Mediationsgesetz Rechnung getragen, wonach der Mediator darauf hinwirken soll, dass die Beteiligten im Falle einer Einigung, eine Vereinbarung in Kenntnis der Sachlage treffen und die Vereinbarung verstehen. Die Mediationsvereinbarung, mit der von den Beteiligten gemeinsam festgelegten Lösung, wird im Regelfall schriftlich festgehalten.

> **Beispiel:**
>
> Eine Freiwillige Feuerwehr beschäftigt zwei Gerätewarte. Es kommt immer wieder zu Unstimmigkeiten zwischen den beiden. Gerätewart A ist schon länger im Dienst, Gerätewart B ist recht neu, aber nicht weniger erfahren. Er fühlt sich durch Gerätewart A in seiner Verantwortung für die Fahrzeuge und die notwendigen Bewegungsfahrten beschnitten.
>
> Die Mediation verläuft erfolgreich und die gemeinsame Lösung wird in einer Mediationsvereinbarung, wie folgt, in einem Satz festgehalten:
>
> Es wird vereinbart, dass Gerätewart A dem Gerätewart B ab sofort zweimal monatlich die Durchführung der Bewegungsfahrten überlässt.
>
> Ebenso könnte die Vereinbarung auch eine aus mehreren Teilaspekten bestehende Lösungssammlung sein:
>
> Es wird vereinbart:
> 1. Gerätewart B übernimmt den Gerätehausdienst an geraden Monaten, Gerätewart A an ungeraden.
> 2. Die Bewegungsfahrten werden durch Gerätewart A koordiniert und von den Maschinisten durchgeführt.
> 3. Gerätewart B ist für die Wartung und Pflege von DL, ELW und HLF zuständig, Gerätewart A für LF, GW und Boot.

Die Mediationsvereinbarung ist nicht an eine bestimmte Form gebunden. Um den Sinn und Zweck bestmöglich zu erfüllen, sollten Ort und Datum der Mediation, die Namen der Beteiligten, die beigelegten Streitigkeiten mit den vereinbarten Lösungen und die geplante Umsetzung dieser Lösungen enthalten sein. Weitere Punkte oder Regelungen können je nach Mediationsverlauf zusätzlich für die Beteiligten wichtig sein und werden daher auch von diesen festgelegt. Bei einfachen Konflikten, mit einer schnell gefundenen, gemeinsamen Lösung, reicht auch eine mündliche Vereinbarung (Hammacher 2019).

5.5 Kosten einer externen Unterstützung

Die Kosten einer externen Mediation können sehr unterschiedlich sein. Die Vergütung eines Mediators ist nicht gesetzlich geregelt, sondern wird für den konkreten Auftrag frei verhandelt. Damit die Gebühren für eine Mediation transparent und nachvollziehbar bleiben, empfiehlt sich die Einholung eines Angebotes und eine anschließende Vereinbarung der Gebühren. Die Stundensätze eines Mediators orientieren sich in der Regel an den ortsüblichen Stundensätzen für eine Anwaltsstunde. In seinem Angebot wird der Mediator im Regelfall konkret auf den vorliegenden Konflikt eingehen können und einen groben Rahmen abstecken. Sollte sich der Konflikt über mehrere Stunden und Tage ausdehnen, werden neben Stunden- auch Tagessätze und häufig auch

5 Unterstützung durch externe Konfliktlösung

Reisekosten einbezogen. Bei komplexeren Konflikten in der Feuerwehr, mit mehreren Konfliktbeteiligten kann es erforderlich sein, ein Mediatoren-Team einzusetzen, welches dann entsprechend höhere Kosten verursacht. Bei realistischer Betrachtung lassen sich die Kosten jedoch selten vollständig vorhersagen, denn der Verlauf einer Mediation ist nicht vorherzusagen und folglich ist es schwirig einen Zeitraum zu definieren. Im Vergleich zu einem, ggf. vor Gericht auszufechtenden Rechtsstreits, sind die Kosten einer Mediation häufig günstiger. Der Mediator verteilt seine Kosten auf alle Konfliktbeteiligten gleichermaßen, wenn er nicht zentral, z. B. von der Gemeinde als Träger der Feuerwehr, bezahlt wird. In einem Rechtsstreit zwischen zwei Konfliktbeteiligten bezahlt jeder seinen eigenen Rechtsanwalt und der ganze Prozess dauert häufig erheblich länger als eine Mediation.

Diesen Kosten steht der Nutzen der Mediation gegenüber, der sich häufig nicht in Geld rechnen lässt. Eine erfolgreiche Mediation in der Feuerwehr reduziert die Gefahren durch schwelende Konflikte im Einsatz und löst den Konflikt für und mit allen Konfliktbeteiligten mit dem Ziel, sich anschließend wieder in die Augen sehen zu können. Das verhindert Austritte und schafft die Basis für eine positive Außenwirkung und somit die Voraussetzung, erfolgreich Bürger für das sehr wichtige Ehrenamt Feuerwehr vor Ort zu begeistern und zu gewinnen

Einen groben Überblick für einen Konflikt bei dem der Streitwert auf 10 000 € festgelegt wurde, liefert die folgende Tabelle:

5.5 Kosten einer externen Unterstützung

Tabelle 2: *Exemplarischer Vergleich Mediation – Gerichtsverfahren*

	Mediation	Gerichtsverfahren
Dauer	ca. 4–6 Sitzungen á 1,5 Std	ca. 3–8 Monate
Kosten	ca. 1 000–1 500 € insgesamt für alle Beteiligten	Anwalts- und Gerichtskosten von ca. 2 000–4 000 € für jeden Beteiligten.
Ergebnis	Mediationsvereinbarung oder Abbruch der Mediation	Einstellung, Urteil oder Vergleich

Teil B:
Konflikte in der Feuerwehr

6 Konflikte im Feuerwehralltag

Konflikte gehören zum Zusammenleben dazu. Dadurch sind sie in allen Bereichen, in denen Menschen aufeinandertreffen, möglich und präsent. Auch die Feuerwehr, als Teil des öffentlichen Lebens, gehört somit dazu. Dabei ist es irrelevant, ob es ein freiwilliges Aufeinandertreffen in der Freiwilligen Feuerwehr oder eine berufliche und damit verpflichtende Zusammenarbeit in der Berufsfeuerwehr ist. Welche Konflikte auftreten, ist dabei ebenfalls nicht vorhersehbar. Allerdings lassen sich Bereiche unterscheiden, in denen die Konflikte in der Feuerwehr grundsätzlich eingegrenzt werden können. Ein paar Beispiele dazu: Ein Mitglied der freiwilligen Feuerwehr A-Dorf streitet sich mit seinem Nachbarn über dessen neuen Zaun, der viel zu groß ist und seinen Garten beschattet. Er nimmt diesen Konflikt in Gedanken mit in den Dienst und ärgert sich den ganzen Dienstabend weiter darüber. Er ist und wirkt dadurch abgelenkt und angespannt. Auf die Ansprache seiner Kameradinnen und Kameraden wirkt er kurz angebunden. An anderer Stelle schwelt ein Konflikt zwischen einem Gruppenführer und seinem Stellvertreter über eine Entscheidung des Stellvertreters zur Gruppeneinteilung beim nächsten Wettbewerb, die er nicht mit seinem Gruppenführer abgestimmt hatte, weil er genau wusste, dass dieser nicht zustimmen würde. Der Gruppenführer ist verärgert, traut sich aber nicht seinen Stellvertreter anzusprechen und macht erst einmal gute Miene zum bösen Spiel. Aber es brodelt in ihm. Auch der Ortsbrandmeister der kleinen Ortsfeuerwehr in B-Dorf, der beste Bäcker im Ort, ist angespannt. Er hat gerade erfahren, dass er das Amt des neuen Bereitschaftszugführers für den Schaum-Zug nun doch nicht bekommt. Obwohl er seit vielen Jahren jede Bereitschaftsübung mitgefahren und bereits zum Zugführer ausgebildet ist. Er hat viel Erfahrung in der engen Zusammenarbeit insbesondere in den letzten Jahren als Führungsassistent des bisherigen Bereitschaftszugführers sammeln können, der sein Freund war. Der neue Kamerad aus der Nachbarwehr, der vor einem Jahr erst aus einem anderen Bundesland zugezogen ist und als Ingenieur im benachbarten Chemiewerk arbeitet, wurde nun zum Bereitschaftszugführer befördert.

Drei Konflikte, jeder für sich geeignet, den Dienstbetrieb zu stören, schon allein, weil die betroffenen Kameradinnen und Kameraden nicht voll konzentriert, sondern latent abgelenkt sein können.

Jeder Konflikt steht für einen Bereich, aus dem Konflikte kommen können bzw. in dem Konflikte entstehen. So lassen sich Konflikte zwischen Feuerwehrleuten und externen Personen, zwischen Feuerwehrleuten innerhalb einer Feuerwehr und zwischen Feuerwehrleuten verschiedener Feuerwehren oder auch übergeordneter Behörden feststellen. Insbesondere für die Lösung solcher Konflikte ist die Unterscheidung hilfreich. Sie hilft dabei die Konfliktlösung frühzeitig in die richtigen Bahnen zu lenken und die beste Unterstützung zu erhalten. Wie wichtig die schnelle Reaktion auf einen erkannten Konflikt ist, zeigt die Darstellung der Eskalationsstufen. Optimalerweise wird noch in Phase 1 win-win der Konflikteskalation (▶ Kapitel 3.2.1) mit der richtigen Unterstützung begonnen.

6.1 Konflikte stören im Dienstbetrieb

> **Merke.**
> Es ist unabdingbar, den Konflikt zu definieren, um ihn lösen zu können.

6.1 Konflikte stören im Dienstbetrieb

Um für den Feuerwehreinsatz optimal vorbereitet zu sein, finden neben vielen Ausbildungslehrgängen regelmäßige Übungsabende statt. Weitere Dienste, insbesondere für die Öffentlichkeitsarbeit zur Sponsoren- oder Nachwuchsgewinnung oder Dienste zu Anlässen in der Gemeinde wie Ehrenwachen am Volkstrauertag oder ähnliches, bestimmen den Dienstalltag der Freiwilligen Feuerwehr. Dieser Dienstbetrieb lebt von den Teilnehmenden. Je größer die Beteiligung an den Übungsabenden desto höher ist der Ausbildungsstand in der Breite der Feuerwehr. Diese Breite ist wichtig, um jederzeit und für möglichst alle Aufgaben der betreffenden Feuerwehr ausgebildete Kameradinnen und Kameraden verfügbar zu haben. Wissen auf mehrere Köpfe verteilen ist somit ein Schwerpunkt des Übungsdienstes. Die Dienste in und für die Öffentlichkeit dienen der Mitgliedergewinnung und häufig auch dazu, Spenden zu generieren. Wie in allen Bereichen auch, brauchen die Freiwilligen Feuerwehren immer Nachwuchs. Viele versuchen, durch die Einführung von Kinder- und Jugendfeuerwehren schon sehr früh mit der Nachwuchsgewinnung zu beginnen. Diese Arbeit erfordert Kameradinnen und Kameraden, die dazu Zeit und Lust mitbringen. »Stell Dir vor, du drückst und alle drücken sich.« Dieser Slogan unter dem Feuermelder ist sicher vielen sofort präsent. Abgewandelt

Konflikte im Feuerwehralltag

habe ich den Slogan für Veranstaltungen der Kreisjugendfeuerwehr genutzt, um für Kinder- und Jugendfeuerwehr-Betreuer in den Feuerwehren des Landkreises zu werben. Eine Gruppe von Jugendfeuerwehrmitgliedern steht vor dem verschlossenen Feuerwehrhaus. Darunter der Slogan: »Stell Dir vor, wir kommen zum Dienst und keiner macht auf.« Diese Beispiele haben ein gemeinsames Ziel: Die Tatsache, dass möglichst viele Freiwillige an den Übungsdiensten der Aktiven Abteilung oder als Betreuer in der Kinder- und Jugendfeuerwehr sowie bei den dienstlichen Veranstaltungen teilnehmen sollen. Voraussetzung dafür ist neben der vorhandenen Freizeit insbesondere die gute Stimmung unter den Kameradinnen und Kameraden. Ein unterhaltsamer Übungsabend oder ein spannendes Thema, der Spaß mit den Jugendlichen beim Trainieren für die Leistungsspange oder das Gefühl von Wertschätzung durch die Gemeinde und die Mitbürger beim Tag der offenen Tür, tragen viel dazu bei und begeistern sowohl Mannschaft als auch Führungskräfte.

Im Gegenteil dazu führen Dienste, bei denen viel untereinander gestritten wird oder bei denen die Ausbilder nur ein Programm abspulen, weil sie mit dem Kopf eigentlich woanders sind, zu einem Rückgang der Beteiligung bei zukünftigen Diensten. Neue Betreuer für die Jugendarbeit werden nicht gefunden, weil offensichtlich ist, wie sich derzeit die Betreuer und deren Kinder- und Jugendwarte untereinander oder mit der Wehrführung streiten. Ständig geht es darum, wer den MTW nutzen kann, welche Kleidung gekauft wird oder wer den einen Raum im Gerätehaus nutzen darf, in dem die Kinderfeuerwehr gerne ihre Bastelarbeiten länger liegen lassen möchte, um durch Auf- und Abbau nicht ständig Zeit zu

6.1 Konflikte stören im Dienstbetrieb

verlieren. Schnell meldet man sich vom Dienst ab, weil es keinen Spaß mehr macht hinzugehen. Zum Einsatz würde man natürlich fahren, aber nach dem langen Tag auf der Arbeit nun noch am Abend beim Dienst die miese Stimmung in der Gruppe auszuhalten, weil sich der Gruppenführer und sein Stellvertreter wegen dem Wettbewerb zanken und glauben, das merkt keiner – nein, das muss nicht sein. Auch an anderer Stelle führt ein Konflikt zu Störungen des Dienstbetriebes. Der Ortsbrandmeister aus dem Beispiel in ▶ Kapitel 6 ist sauer auf die Entscheidung gegen ihn und beschäftigt sich nur noch damit. Er hat dabei ganz vergessen, das Ortskommando vernünftig vorzubereiten und einen wichtigen Meldetermin vergessen und verstreichen lassen. Die für die in Kürze anstehende Jahreshauptversammlung geplanten Ehrungen vom Land können daher nicht mehr durchgeführt werden. Dadurch ist neuer Ärger vorprogrammiert.

Diese Beispiele lassen sich beliebig weiter fortsetzen. Konflikte brodeln vor sich hin, manche latent und unerkannt unter der Oberfläche, viele manifest und offen sichtbar. Der Einfluss dieser Konflikte auf den Dienstbetrieb kann durch ein vorhandenes Konfliktmanagement deutlich reduziert werden. Es lebt davon, Konflikte frühzeitig zu erkennen und rechtzeitig bestmöglich eine Konfliktlösung zu starten. Zu einem guten Konfliktmanagement gehört auch, durch vorbeugende Maßnahmen diese Konflikte erst gar nicht entstehen zu lassen.

6 Konflikte im Feuerwehralltag

6.2 Gefahren durch Konflikte im Einsatz

Feuerwehren werden zur Gefahrenabwehr aufgestellt. Wenn eine Feuerwehr zu einem Einsatz ausrückt, ist naheliegend mit einer Situation zu rechnen, die für das eingesetzte Personal gefährlich werden kann. Um diese Gefahr für die eingesetzten Kräfte auf ein Minimum zu reduzieren, wird sehr viel getan. Das Personal wird intensiv ausgebildet, um die vorgesehenen Aufgaben bestmöglich erledigen zu können. Weiterbildungen und regelmäßige Übungsdienste werden durchgeführt, um dieses Ausbildungsniveau hochzuhalten. Diese Maßnahmen finden zentral an den Feuerwehrschulen oder in den Landkreisen, häufig jedoch dezentral bei den Ortsfeuerwehren statt. Sie sorgen dafür, dass insbesondere bei den Einsatzkräften, die aufgrund niedriger Einsatzzahlen, das eine oder andere Gelernte vergessen und nicht mehr anwenden können, der Wissensstand hochbleibt. Für den persönlichen Schutz wird bestmögliche Schutzausrüstung beschafft und durch stetige Weiterentwicklung immer wieder verbessert. Auch die Ausrüstung für die verschiedenen Einsätze wird stetig weiterentwickelt. Insbesondere die technische Hilfeleistung zeigt sehr deutlich die technische Entwicklung. Die Entwicklung der Feuerwehrfahrzeuge ist ein weiterer Punkt. Neben seriennahen MTW oder KdoW gibt es beispielsweise hoch moderne Hubrettungsfahrzeuge, Waldbrand- oder Hilfeleistungslöschfahrzeuge mit einer Vielzahl wichtiger, aber erklärungsbedürftiger Funktionen, die viel Ausbildung und Praxiserfahrung bedürfen, um sie einsetzen zu können.

6.2 Gefahren durch Konflikte im Einsatz

Sobald ein Mitglied der Feuerwehr, egal auf welcher Ebene, seine Aufgaben nicht optimal ausführt, entsteht Gefahrenpotenzial. Einsatzkräfte oder Unbeteiligte können sich verletzen. Auch sind Verzögerungen bei der Ausführung eines Auftrages, z. B. durch den Ausfall eines fehlerhaft bedienten Gerätes möglich, was zu einer gefährlichen Lageentwicklung führt. Welche Rolle Konflikte bei diesen Gefahren spielen können, ist bisher wenig beleuchtet worden. Die FwDV 100 – Führung und Leitung im Einsatz, stellt in der Begriffsbestimmung der Führungspersönlichkeit klar, dass die Führung von der Persönlichkeit, dem Können und der geistigen Kraft der Führenden abhängig ist. Es ist nachvollziehbar, dass Einsatzleiter und eingesetzte Führungskräfte, die durch einen laufenden Konflikt abgelenkt und nicht voll konzentriert agieren können. Auch besteht die Gefahr, dass aufgrund eines Konfliktes mit einer anderen Führungskraft im Einsatz möglicherweise nur die zweitbeste Lösung gewählt wird, weil die beste Lösung durch den persönlichen Konflikt ausgeblendet wird.

Die Pflicht zur Fürsorge und zur Erhaltung der Leistungsfähigkeit gegenüber den Einsatzkräften muss beachtet werden. Das ist ein Führungsgrundsatz zur Erfüllung der Führungsaufgaben der FwDV 100. Einsatzkräfte, die aufgrund von bestehenden Konflikten gar nicht oder mental eingeschränkt zu einem Einsatz kommen, bringen die Einsatzleitung an dieser Stelle in eine besondere Situation. Neben der Konzentration auf die Gefahrenlage an sich, ist die Überwachung der eingesetzten Einsatzkräfte auf ihre Einsatztauglichkeit und, insbesondere bei langen oder besonders anspruchsvollen Einsätzen, körperliche Verfassung sehr wichtig, um Gefahren für Leib und Leben der eingesetzten Feuerwehrleute abzuwehren.

6 Konflikte im Feuerwehralltag

Bei jeder erneuten Lagefeststellung im Rahmen des Führungsvorganges ist der Unterpunkt »Leistungsvermögen« der Einsatzkräfte zu erfassen und zu beurteilen. Je nach Größe der Schadenslage findet das durch den Einsatzleiter selbst oder aufgrund inzwischen aufgebauter Führungsstrukturen durch andere Führungskräfte im Auftrag statt. Dabei ist es im Einsatz fast unmöglich, so tief zu gehen und Konflikte zwischen den Einsatzkräften zu erkennen. Naheliegend ist in der Regel meist die Feststellung der körperlichen oder geistigen Verfassung bei Einsätzen unter schwerem Atemschutz oder Lagen mit Personenschäden. Die eingeschränkte Einsatzfähigkeit durch einen bestehenden Konflikt bleibt unerkannt und somit weiter eine Gefahr.

Der im vorigen Kapitel beschriebene Effekt, dass aufgrund schlechter Stimmung die Dienstbeteiligung und das Ausbildungsniveau abnimmt, bedeutet ebenfalls eine Gefahr für die Feuerwehr im Einsatz.

> **Beispiel:**
> Bei einem Einsatz wird das Hubrettungsfahrzeug angefordert. Der Drehleitermaschinist, der immer dieses Fahrzeug fährt und bedient, liegt krank im Bett und ein anderer Maschinist springt ein. Dieser war in den letzten Wochen nicht mehr so oft beim Dienst, weil er ständig von dem erkrankten Maschinisten kritisiert wurde und im Einsatz grundsätzlich nicht fahren oder den Leiterpark bedienen durfte: Das sei schließlich »Chefsache«. Vor Ort schätzt der unerfahrene Maschinist die Entfernung falsch ein und verliert durch notwendiges Umstellen viel Zeit, welche die Rettung der eingeschlossenen Personen gefährlich verzögert.

Ein sehr anschauliches Beispiel für Gefahren durch Konflikte im Einsatz ist jederzeit und bei vielen Einsatzgeschehen denkbar. Zwei Konfliktpartner sind als Angriffstrupp unter schwerem Atemschutz eingesetzt. Der Gruppenführer, der die beiden eingesetzt hat, war über den Konflikt nicht informiert. Wenn der Konflikt noch auf den untersten Eskalationsstufen ist und beide Konfliktpartner professionell genug sind, ihre privaten Konflikte im Einsatz zu vergessen, wird dieser vernünftig abgearbeitet. Alles andere wäre eine sehr gefährliche Situation. Es lassen sich noch viele weitere Beispiele für Gefahren durch Konflikte im Einsatz nennen. Aufgrund der latenten Gefahr durch Konflikte im Einsatz, gehört der Umgang mit ihnen in die alltägliche Ausbildung und sollte Teil aller Führungslehrgänge sein.

6.3 Besonderheiten bei Berufsfeuerwehren

Im Rahmen einer nicht repräsentativen Studie wurden die deutschen Berufsfeuerwehren im Jahr 2021 zum Thema Konfliktmanagement befragt (Ladwig 2021). Ein Aspekt war die Frage nach den auftretenden Konfliktarten. Bei den an der Studie teilnehmenden Berufsfeuerwehren zeigte sich dabei ein klarer Schwerpunkt ab. Den größten Anteil machen danach Konflikte zwischen Feuerwehrleuten auf gleicher hierarchischer Ebene (26 %) und Konflikte mit der Führungskraft (25 %) aus. Das sind zusammen mehr als die Hälfte der Nennungen.

Konfliktarten Einsatzkräfte anteilig

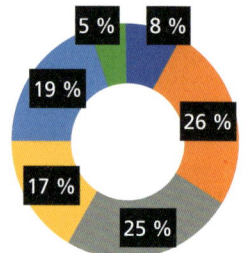

- keine Angabe
- gleiche hierarchische Ebene
- mit der Führungskraft
- mit Verwaltungsmitarbeitern
- mit externen Personen
- sonstige Konflikte

Bild 9: *Konfliktarten in der Berufsfeuerwehr*

Den nächstgrößeren Bereich umfassten Konflikte mit externen Personen (19 %). Diese Konflikte werden in den Berufsfeuerwehralltag hineingetragen. Externe Personen sind im Regelfall solche aus dem privaten Umfeld der Feuerwehrleute. Es können vereinzelt auch externe Personen sein, zu denen im Rahmen des Dienstes ein Kontakt entsteht (Einsatzgeschehen, Brandschauen, Sicherheitswachen). Erfreulich ist die Rückmeldung der teilnehmenden Berufsfeuerwehren, dass Konflikte zwischen Haupt- und Ehrenamt, und mit anderen Hilfsorganisationen, die durch die häufige Zusammenarbeit mit der Freiwilligen Feuerwehr oder Rettungsdiensten entstehen könnten, verschwindend gering sind. Sie waren in den sonstigen Konflikten enthalten, die mit 5 % den kleinsten Anteil ausmachten. Interessant ist an dieser Stelle der Blick auf die in der Studie insgesamt hohe Anzahl Konflikte mit der disziplinar vorgesetzten Führungskraft. Daraus ergibt sich die Frage, wie

6.3 Besonderheiten bei Berufsfeuerwehren

ein solcher Konflikt gelöst werden könnte. Einige Beschreibungen von Berufsfeuerwehren, die ein Konfliktlösungsmanagement anbieten, benannten konkret die Methode Mediation als geeignetes Verfahren und den Einsatz externer Mediatoren bei Bedarf. Eine teilnehmende Berufsfeuerwehr beschäftigt Mitarbeiter mit einer Zusatzausbildung zur Mediatorin bzw. zum Mediator, welche bei Bedarf angefordert werden können. Andere Berufsfeuerwehren gaben an, keinen Bedarf oder kein Budget zur Verfügung zu haben, um ein Konfliktlösungssystem anzubieten. Viele gaben an, sich noch nicht mit dem Thema beschäftigt zu haben. Dass Konflikte insbesondere bei der Berufsfeuerwehr wenig Platz haben, da sich die Einsatzkräfte bei Einsätzen voll auf ihre Aufgabe konzentrieren müssen, ist nachvollziehbar. Die Notwendigkeit, eine Konfliktlösung als Berufsfeuerwehr anzubieten, ist in der Studie bestätigt worden. Drei Viertel der Berufsfeuerwehren haben angegeben, dass Konflikte auftreten. Gleichzeitig geht es bei den verbeamteten Einsatzkräften darum, eine Konfliktlösung zu erreichen, die ein weiteres Zusammenarbeiten im Anschluss ermöglicht. Viele Berufsfeuerwehren haben nur eine überschaubare Anzahl Funktionen und der Arbeitsplatz bei der Berufsfeuerwehr bietet nur in wenigen Fällen ausreichend Flexibilität und Raum, um ungelösten zwischenmenschlichen Konflikten aus dem Weg zu gehen. Eine Versetzung in eine andere Abteilung oder auf eine andere Wache birgt immer ein Rest-Risiko, bei großen Einsatzlagen wieder zusammenarbeiten zu müssen.

7 Konfliktlösung innerhalb der Feuerwehr

Ein Konflikt zwischen zwei Feuerwehrleuten könnte häufig von diesen selbst gelöst werden. Insbesondere wenn sie in der Eskalation noch nicht weit fortgeschritten sind, haben sie die Möglichkeit beide als Gewinner aus dem Konflikt auszusteigen (▶ Kapitel 3.2.1). Sie müssten den Willen zur Konfliktlösung aufbringen und in der Lage sein, sachlich miteinander sprechen zu können. Optimalerweise können sie über einen Perspektivwechsel versuchen, die andere Seite zu verstehen und darüber die Konfliktursache mit anderen Augen betrachtet, nachvollziehen zu können. Häufig wünschen sich beide Konfliktbeteiligten die Beendigung ihres Streits, wollen es aber dem anderen nicht signalisieren, um keine Schwäche zu zeigen. Einfacher wird es beiden Konfliktbeteiligten fallen, wenn Sie schon einmal etwas über Konflikte und den Umgang mit ihnen gehört haben. Sie können ihr Verhalten dadurch besser einschätzen und kennen auch die möglichen Gefahren, sollte der Konflikt weiter eskalieren.

Merke:

Bereits das **Wissen** um einen entstandenen Konflikt und das Wissen um mögliche Gefahren, sollte der Konflikt weiter eskalieren, kann den ersten Schritt zur Konfliktbewältigung markieren.

7 Konfliktlösung innerhalb der Feuerwehr

Die Motivation, eine für beide Seiten vernünftige Lösung zu finden, steigt erheblich.

Wenn die Konfliktbeteiligten selbst nicht in der Lage sind, ihren Streit zu klären, aber den Wunsch haben, unterstützt durch eine Kameradin oder einen Kameraden an der Konfliktlösung zu arbeiten, kann das ebenso zu einer erfolgreichen Lösung führen. Dafür ist nicht zwingend eine besondere Ausbildung erforderlich. Für die Unterstützung der Konfliktlösung innerhalb der Feuerwehr ist es hilfreich, wenn man Fachleute hinzuziehen kann. Viele Freiwillige Feuerwehren haben gute Erfahrungen mit Konfliktlotsen gemacht, die bei der Konfliktlösung in der eigenen Feuerwehr unterstützen und im nächsten Kapitel beschrieben werden.

Achtung:
Die Ausbildung von interessierten Feuerwehrleuten zur Mediatorin oder zum Mediator könnte eine Möglichkeit sein, ist aber nicht immer zielführend. Gibt es in einer Gemeinde beispielsweise nur eine Feuerwehr, wird die Mediatorin oder der Mediator dieser Feuerwehr häufig in der eigenen Wehr an die Grenze stoßen, da die Neutralität oft nicht gewährleistet werden kann.

Anders ist es bei Gemeinden mit mehreren Ortsfeuerwehren, wo ausgebildete Feuerwehrleute anderer Ortswehren in der eigenen zur Konfliktlösung eingesetzt werden können. Einige Kommunen haben eigene Mitarbeiter in der Verwaltung zu Mediatorinnen oder Mediatoren weitergebildet, auch diese könnten in den Feuerwehren unterstützend eingesetzt werden.

7 Konfliktlösung innerhalb der Feuerwehr

Unabhängig davon, welche Möglichkeiten zur Konfliktlösung es in einer Feuerwehr gibt, ist es notwendig, die nutzbaren Prozesse der Konfliktlösung und dessen Abläufe vorzustellen. Die geschieht im Regelfall im Rahmen eines Übungsdienstes und Aushang von Ansprechpartnern am schwarzen Brett. Ob eine Konfliktlösung im Einzelfall durch die im Umgang mit Konflikten geschulten Beteiligten selbst oder unterstützt durch interne oder externe Fachleute abläuft, hängt dann von den individuellen Gegebenheiten vor Ort ab. Diese Informationen über das Verfahren sollen aber nicht nur über die Konfliktlösungsprozesse in der Feuerwehr aufklären, sondern auch helfen, latente Konflikte zu vermeiden. Wenn die Feuerwehrleute die Möglichkeiten und das Konfliktlösungsverfahren kennen und akzeptieren, und wissen, wie sie schnell und einfach darüber verfügen können, werden sie sich eher für eine aktive Konfliktlösung entscheiden als in einem Fall, wo eine Hilfestellung weder bekannt noch sichtbar ist. Dadurch sind sie eher bereit einen Konflikt öffentlich zu machen und sich dazu zu bekennen, um ihn zu lösen.

7.1 Konfliktlotsen

In vielen (Feuerwehr-)Schulen werden von privaten Anbietern aber auch von Feuerwehrverbänden Ausbildungen angeboten, die sich mit dem Thema Konfliktberatung befassen. Der Blick in den Lehrgangskatalog oder auf die Website des eigenen Feuerwehrverbandes zeigt die Möglichkeiten vor Ort. Im Rahmen von Seminaren, meist über fünf Tage am Stück oder auf drei Wochenendmodule verteilt, lernen die Teilnehmenden, wie sie ihre eigene Feuerwehr beim Umgang mit Konflikten unterstützen können. Die Inhalte der Ausbildung sind individuell. In der Regel befassen sich aber alle mit dem Konflikt an sich, der Mediation als Konfliktlösungsmethode und Hilfen zur Anwendung der Methode, wie beispielsweise richtiges Zuhören oder Fragetechniken. Nach Abschluss nennen sich die Teilnehmenden dann Konfliktlotsen oder Konfliktberater. Die Fortbildung von interessierten Feuerwehrleuten zu Konfliktlotsen ist eine Möglichkeit, aktiv ein Konfliktmanagementsystem in der eigenen Feuerwehr aufzubauen. Konfliktlotsen kennen den Aufbau, Verlauf und Umgang mit Konflikten und können die Ortswehrführung im Umgang sowie insbesondere bei der Vorbeugung von Konflikten unterstützen. Sie haben ein Ohr für die Stimmung in der Mannschaft und reagieren sensibler auf das Verhalten der Kameradinnen und Kameraden. Durch regelmäßige Schulungen halten sie die Kenntnisse zu Konflikten in ihrer Ortsfeuerwehr aufrecht. Insbesondere latent schwelende Konflikte können dadurch schneller erkannt werden.

Feuerwehren, deren Mitglieder in der Konfliktlösung ausgebildet sind, sollten diesen Vorteil nutzen, um eigene Führungskräfte und Interessierte in diesem Themengebiet weiterzubilden.

7.2 Konflikte erkennen

Der wichtigste Punkt, um Konflikten begegnen zu können, ist, sie rechtzeitig zu erkennen. Das ist bei offenen Konflikten meist sehr gut möglich. Ob beim Übungsabend oder im Einsatz,

7 Konfliktlösung innerhalb der Feuerwehr

bestehende Spannungen oder verbale Auseinandersetzungen können meist sehr gut wahrgenommen werden. Erheblich schwieriger sind latente Konflikte zu erkennen, da häufig nicht einmal beide Beteiligte den Konflikt kennen. Es lassen sich viele Anzeichen beschreiben, an denen ein offener Konflikt zu erkennen ist. Dazu gehörten beispielsweise:

- Sprechen mit lauter Stimme/anschreien
- Verweigerung der Kommunikation/nicht zuhören
- Abwertende Gesten
- Wiederholt ins Wort fallen und unterbrechen
- Aussagen in Zweifel ziehen
- Anhaltende Kritik an der Person
- Gerüchte verbreiten

Nicht jeder Einzelpunkt ist die Bestätigung für einen existierenden Konflikt. Auch können sich kleine Unstimmigkeiten zweier Beteiligter nach kurzer Zeit wieder regeln und einen Konflikt unmittelbar im Keim ersticken. Die Häufung oder Wiederholung verschiedener Anzeichen und dazu eine Änderung im Verhalten lassen einen bestehenden Konflikt vermuten.

Folgende Anzeichen können für einen latenten Konflikt sprechen, der deutlich unauffälliger ist.

- Zurückhaltendes Verhalten bei bestimmten Kontakten
- Nachlassende Dienstbeteiligung
- Desinteresse
- Angespanntes Verhalten

Bei einem latenten Konflikt ist zudem oft nicht gleich erkennbar, wer die Konfliktbeteiligten sind. Nur eine Person fällt im Regelfall durch die oben genannten Punkte auf. Es macht daher Sinn, diese Person in einem vertraulichen Rahmen auf ihr Verhalten anzusprechen und nicht darauf zu warten, bis der oder die andere Beteiligte erkannt wird.

7.3 Grenzen der internen Konfliktlösung

Für die Feststellung, ob eine interne Konfliktlösung noch möglich ist oder an ihre Grenzen stößt und eine externe Unterstützung erforderlich wird, gibt es verschiedene Aspekte.

Anhand der Eskalationsstufen (▶ Kapitel 3.2) ist erkennbar, bis zu welcher Stufe ein Konflikt noch gelöst werden könnte. Konflikte, die bereits die Stufe 4 erreicht haben oder noch höher eskaliert sind, gehören in professionelle Hände. Insbesondere wenn bereits Handlungen vollzogen wurden, die gegen Gesetze verstoßen oder eine unmittelbare Gefahr bedeuten.

Wenn die Beteiligten in einem Konflikt nicht mehr selbst an der Lösung arbeiten können, aber grundsätzlich eine Unterstützung gerne annehmen möchten, ist eine interne Konfliktlösung dann nicht mehr möglich, wenn es niemanden in der eigenen Feuerwehr gibt, der hier helfen kann, weil die persönliche Eignung oder der ggf. notwendige Abstand zu den Konfliktparteien fehlt. In diesem Moment ist die Grenze der internen Konfliktlösung erreicht und eine externe Unterstüt-

7 Konfliktlösung innerhalb der Feuerwehr

zung erforderlich. Das ist insbesondere der Fall, wenn die Wehrführung in den Konflikt verwickelt ist. Bei Konflikten, die über die Grenzen der eigenen Feuerwehr hinaus gehen, z. B. wenn sich der Kreisausbilder und der Lehrgangsbeauftragte der Gemeindefeuerwehr in einem Konflikt befinden, ist im Einzelfall zu prüfen, ob eine Vermittlung intern zur Lösung beitragen kann.

8 Konflikten vorbeugen

Der beste Konflikt ist der, der gar nicht erst entsteht. Nach diesem Motto ist es eine sehr wichtige Aufgabe in jeder Feuerwehr, Konflikten vorzubeugen. Diese Aufgabe ist leichter als viele vermuten würden. Sie erfordert zunächst den Überblick, welche Konflikte vermieden werden könnten. Anschließend werden geeignete Maßnahmen festgelegt und umgesetzt. Wie im Führungskreis werden die Maßnahmen immer wieder überprüft und ggf. angepasst.

8.1 Welche Konflikte können vermieden werden?

In den vergangenen Kapiteln sind schon viele Beispiele für Konflikte in der Feuerwehr genannt worden. Auch in den Medien wird immer wieder über eskalierte Konflikte berichtet, wie beispielsweise der vorübergehende Ausstand von fast allen Feuerwehrleuten einer norddeutschen Stadt nach einem internen Konflikt. Dadurch war die Stadt vorübergehend nicht mehr in der Lage, den Brandschutz sicherzustellen. Konflikte, deren Ursprung außerhalb der Feuerwehr liegt und die auch mit der Feuerwehr an sich nichts zu tun haben, können nicht vermieden werden. In einem solchen Fall ist es dennoch wichtig, die Entwicklung im Auge zu behalten. Sollte der Konflikt über die Phase 2 win-lose (▶ Kapitel 3.2.2) hinaus eskalieren, ist zu prüfen, ob eine weitere Teilnahme der beteiligten Kameradin oder des beteiligten Kameraden am Dienst und an Einsätzen vertretbar ist oder eine Gefahr darstellt. Folgende Beispiele sind typisch für Konflikte, die innerhalb der Feuerwehr entstehen.

Beispiel 1: Hier fährt nur einer, das bin ich!
Egal ob Einsatz oder Übung. In der Feuerwehr Y-Stadt fährt immer der Gleiche das Löschfahrzeug. Andere Maschinisten haben weder Gelegenheit Fahrpraxis zu sammeln noch die Bedienung des Fahrzeugs zu üben. Selbst auf dem Übungsabend ist es nicht anders. Einige Maschinisten fragen sich bereits, warum sie die Freizeit für den Erwerb des Führerscheins und den Maschinisten-Lehrgang geopfert haben. Andere sind verärgert und entwickeln einen latenten Konflikt. Sie trauen sich nicht, den Stammfahrer, der das Fahrzeug perfekt beherrscht, öffentlich anzusprechen, weil sie fürchten sich in einem Vergleich, aufgrund der fehlenden Praxis zu blamieren. Sie haben auch keine Lust mehr, diese Genugtuung des Fahrers mitzuerleben und fahren bei der Alarmierung langsamer zum Gerätehaus und auf dem ersten Fahrzeug nicht mehr mit.

8.1 Welche Konflikte können vermieden werden?

Bild 10: *Nur einer fährt!*

Beispiel 2: Das erste Fahrzeug ist nichts für Frischlinge
Frisch vom Lehrgang zurück und endlich Truppführer. Mit viel Wissen im Kopf und praktischer Ausbildung aus den Lehrgängen sollen nun praktische Erfahrungen im Einsatz folgen. Die Alarmierung erfolgt und dann so etwas: Der Einstieg ins

8 Konflikten vorbeugen

Löschfahrzeug wird verweigert. »Wir sind voll.« kommt vom Melder oben, obwohl noch Sitze frei sind und von der anderen Seite weiter eingestiegen wird. Vom Melderplatz kommt der Satz hinterher: »Das erste Auto ist nichts für Frischlinge.« Die Tür geht zu und das HLF fährt ab. Es bleibt nur der Gang zum MTW, der als weiteres Fahrzeug zum Einsatz fährt, aber nicht mehr eingesetzt wird. Der brennende PKW wurde vom ersten Fahrzeug gelöscht. Diese Erfahrung wiederholt sich noch zwei weitere Male, dann reißt dem jungen Kameraden der Geduldsfaden und er schreit den Melder an, für wen er sich halte und was das soll. Er bleibt am Gerätehaus und fährt nicht mehr mit. Als das Fahrzeug zurückkommt, sind in der Halle bereits weitere Kameraden um den jungen »Frischling« versammelt, die gleiche Erfahrungen gemacht haben und ebenfalls sauer sind. Sie stärken ihm den Rücken durch ihre Anwesenheit. Es entwickelt sich eine angespannte Stimmung zwischen der Gruppe um den Frischling und dem Melder sowie drei weiteren aus dem ersten Fahrzeug. Allerdings sind auch zwei dabei, denen die Situation unangenehm ist und die sich von dem Melder und seinem Verhalten distanzieren. Der Melder grinst den jungen Kameraden an, der sich kaum noch zurückhalten kann. Erst als der Gruppenführer dazwischen geht, können die Streithähne getrennt werden.

8.1 Welche Konflikte können vermieden werden?

Bild 11: *Nichts für Frischlinge!*

Beispiel 3. Du nicht!
Ein weiteres Beispiel ist die Führung von Schere oder Spreizer im TH Einsatz. Immer wenn Anton B. als Gruppenführer im Einsatz agiert, darf der dem Gruppenführer unsympathische Fred F. nicht am Unfallfahrzeug agieren. Anton B. setzt grund-

8 Konflikten vorbeugen

sätzlich andere Kameradinnen und Kameraden ein. Dabei kam es schon zu Problemen bei einem Einsatz, weil der eingesetzte Kamerad das schwere Gerät nicht mehr halten konnte, der Gruppenführer aber die Ablösung durch Fred F. nicht wünschte. Auch anderen Kameradinnen und Kameraden fällt dieses unverständliche Verhalten des Gruppenführers auf.

Diese Beispiele könnten noch endlos fortgesetzt werden. Viele Situationen sind mit diesen Beispielen vergleichbar. In dem Konflikt steckt eine potenzielle Gefährdung im Einsatz. Schlecht ausgebildete Maschinisten mit wenig Fahr- und Bedienerpraxis, die im Krankheitsfall plötzlich einspringen müssen oder junge Feuerwehrleute, die nach ihrer Ausbildung keine Erfahrung sammeln können. Ausgerechnet bei einem Großfeuer, bei dem alle AGT der Gemeinde gebraucht werden, kommen dann die jungen unerfahrenen erstmalig unter schwerem Atemschutz zum Einsatz. Das sind vermeidbare Risiken für die Feuerwehrleute.

8.1 Welche Konflikte können vermieden werden?

Bild 12: *Du NICHT!*

8 Konflikten vorbeugen

8.2 Konfliktvorbeugende Maßnahmen

Um Konflikten in der Feuerwehr vorzubeugen, gibt es eine Reihe von Möglichkeiten. Eine der wichtigsten Möglichkeiten ist die regelmäßige Schulung, die Konflikte erklärt, deren Entwicklung beschreibt und den Umgang mit ihnen klärt. Sie soll Mut machen, bei beginnenden Problemen offen zu kommunizieren und somit gezielt an Lösungen zu arbeiten, bevor erst aus einer Irritation oder falschem Verständnis ein Konflikt entsteht. Die offene Kommunikation verhindert latente Konflikte.

Für den Dienstbetrieb sind einfache Regeln sinnvoll. So ist eine Einteilung von Fahrzeugbesatzungen für den Einsatzfall an einem Übungsabend gut geeignet, um erfahrene und neu ausgebildete Kameraden zu mischen. Helfen kann eine klare Regelung zum Verhalten der Maschinisten bei Einsatzfahrten. Insbesondere klare Ansagen, beispielsweise dass ein am Fahrzeug eingetroffener Maschinist nicht mehr aussteigen und einem später eintreffenden Platz machen muss, schafft eine Transparenz und ist nachvollziehbar.

Ein Patensystem in der Feuerwehr hilft, einsatzjunge Kameradinnen und Kameraden mit praktischen Erfahrungen zu versorgen. An Übungsabenden und im Einsatz können gemeinsam Aufgaben in allen erdenklichen Bereichen abgearbeitet werden. Der Wissenstransfer führt zu einer breit ausgebildeten Mannschaft und vermeidet Konflikte im Zusammenhang mit Ausbildung oder Einsatzerfahrung.

8.2 Konfliktvorbeugende Maßnahmen

Die Einführung eines Rotationsverfahrens, welches im Einsatz und im Dienstbetrieb unterschiedliche Fahrzeugbesatzungen vorsieht, ermöglicht ebenfalls, eine breite Ausbildung und bessere Zufriedenheit zu erreichen und Konflikte in diesem Sektor zu vermeiden.

Auch die Themen Beförderungen, Ehrungen und Karriere innerhalb der Feuerwehr bieten sehr viel Konfliktpotenzial. Wie für andere Bereiche gilt auch hier: Je transparenter und nachvollziehbarer eine Entscheidung ist, umso leichter wird sie angenommen. Viele Wehren richten sich bei den Beförderungen vollständig nach den Vorgaben des Landes und befördern, sobald eine Beförderung möglich ist. Sie haben ihre alten Regelungen (da gibt es viele Beispiele: Beförderung nur bei der Jahreshauptversammlung, wer nicht kommt, wird nicht befördert, wehrinterne zusätzliche Anforderungen, eigene zeitliche Einschränkungen, u.v.m.) abgeschafft, weil sie zu Enttäuschungen und Unverständnis führten. Beförderungen nach Tabelle benötigen keine Entscheidungen oder Abstimmungen hinter verschlossenen Türen, die Anforderungen sind für alle sichtbar und einfach geregelt.

Es gibt Entscheidungen, die durch die Wehrführung oder im Ortskommando gefällt werden. Auch hier kann die Einführung eines regelmäßig wechselnden Beisitzers aus der Mannschaft bei langen Stehzeiten eines Kommandos dazu beitragen, das Vertrauen in die Entscheidungen zu stärken.

Die Lehrgangsvergabe ist ein weiteres Dauerthema für Konflikte. Da es leider meist zu wenig Lehrgangsplätze gibt, entsteht durch die Vergabe Konfliktpotenzial, wenn sich Kameradinnen oder Kameraden benachteiligt oder übergangen fühlen. An dieser Stelle helfen klare Planungsgespräche mit den Kameradinnen und Kameraden. Jeder Gruppenführer kann mit seinen Feuerwehrleuten einmal im Jahr abstimmen, welche persönlichen Vorstellungen oder beruflichen Einschränkungen zu erwarten sind. Daraus ergeben sich Daten, die in der Wehrführung zusammengefasst werden könnten. Dadurch sind gezielte Anforderungen möglich, und bei Lehrgangsvergabe und Ausfall eines Teilnehmers können gezielt Nachbesetzungen geplant werden, weil Wünsche und Verfügbarkeiten bekannt sind. Allein die Beschäftigung mit dem Thema durch die Jahresgespräche wird zu mehr Transparenz und Verständnis in der Feuerwehr führen. Durch die klare Struktur wird auch die Anzahl teilnehmender Feuerwehrleute steigen, weil weniger Lehrgangsplätze durch Absagen ungenutzt bleiben. In diesen Jahresgesprächen werden die Feuerwehrleute auch über ihre Ziele in der Feuerwehr sprechen. Es gibt viele Feuerwehrleute, die keine konkreten Ziele verfolgen und die Kameradschaft und das Feuerwehrleben so genießen, wie es ist. Andere, meist jüngere Kameradinnen oder Kameraden haben Wünsche, wie es bei der Feuerwehr für sie weiter gehen soll. Je nach Größe der Feuerwehr sind die Möglichkeiten unterschiedlich. Fehlendes Interesse an Zielen und Wünschen der Feuerwehrleute schafft Konfliktpotenzial, welches mit wenig Aufwand nicht nur vermieden, sondern in eine gewinnbringende Personalentwicklung für die Freiwillige Feuerwehr umgewandelt werden kann.

Wenn es durch die verschiedenen Maßnahmen auf allen Ebenen gelingt, ein Konfliktbewusstsein zu schaffen, wird

8.3 Schulungsoptionen

es innerhalb der Feuerwehr deutlich leichter, sich gegenseitig zu helfen. Dadurch gelingt es auch, gegenüber externen Konflikten besser gewappnet zu sein. Die neu gelernte Offenheit für andere Meinungen, der Wunsch bei Unklarheiten direkt nachzufragen und Missverständnisse durch transparente Entscheidungen zu vermeiden oder schnell aufzuklären und der Wille, Konflikte bereits im Keim ersticken zu wollen, wirkt im und außerhalb des Dienstes gleichermaßen.

Zusammenfassung konfliktvorbeugende Maßnahmen:
- Regelmäßige Schulungen zum Umgang mit Konflikten
- Transparenz durch Kommunikation
- Einfache Regelungen für den Übungs- und Einsatzbetrieb schaffen
- Lehrgangsplanung mit Beteiligung der Mannschaft
- Jahresgespräche (ggfs. Halbjahresgespräche)
- In der Mannschaft ein Konfliktbewusstsein schaffen

8.3 Schulungsoptionen

Wie wichtig eine regelmäßige Schulung zum Thema Konflikte und dem Umgang damit ist, wurde nun mehrfach deutlich beschrieben. Es stellt sich die Frage, wie kann oder soll eine derartige Schulung ablaufen und wer führt diese im Optimalfall durch? Inhaltlich sollte die Schulung möglichst einfach aufgebaut sein und an zwei Abenden mit je einer Stunde Zeit die folgenden beiden Themenbereiche umfassen:

8 Konflikten vorbeugen

- Konfliktbeschreibung und Konflikteskalation (Tag 1)
- Konflikte erkennen und lösen (Tag 2)

Diese Inhalte können zur Erstellung von Schulungsunterlagen aus diesem Heft unmittelbar übernommen werden. Kapitel 2 und 3 bieten eine umfassende Beschreibung der ersten Themenstellung. Bilder sagen mehr als Worte. Daher kann das Eisbergmodell (▶ Bild 1) dazu genutzt werden, den Konflikt und seine Besonderheit vorzustellen. Für das Verständnis der Wichtigkeit des Blickes unter die Oberfläche eines Konfliktes ist der Eisberg sehr einleuchtend. Die Eskalation des Konfliktes kann gekürzt auf die drei Phasen anhand der ▶ Bilder 3–5 erläutert werden. Neben den Stufen an sich wird durch die Farben und Bilder auch die Entwicklung anschaulich dargestellt.

Ebenso könnte z. B. für einen tieferlegenden Exkurs die Eskalation anhand des Beispiels Stufe für Stufe erläutert werden (▶ Kapitel 3.3).

In der zweiten Veranstaltung wird nach kurzer Wiederholung mit dem Eisberg und den drei bunten Phasen anhand der Beispiele aus ▶ Kapitel 3.2 erläutert, wie Konflikte erkannt werden können. Die Darstellung der Konfliktlösung anhand der drei Bilder mit den Orangen hilft, auf einfache Weise die Mediation als Konfliktlösung zu verstehen. Gemeinsam reden, den anderen verstehen und unkonventionell Lösungen entwickeln.

Wichtig für die Schulungen ist die Verständlichkeit und der einfache und kompakte Ansatz. Es sollen keine Mediatoren ausgebildet werden. Diese beiden Schulungen sollten jährlich wiederholt werden.

8.3 Schulungsoptionen

Ziel der Schulungen ist: Konflikte werden als Gefahrenquelle erkannt, die Kenntnisse über den Umgang mit ihnen helfen, sie zu vermeiden.

Literaturverzeichnis

Auferkorte-Michaelis, N.: Die Technik der teilnehmenden Neutralität. Hagen: Eigenverlag der FU Hagen, 2016.
Besemer, C.: Mediation. Vermittlung in Konflikten. Karlsruhe: Pazifik-Materialvertrieb, 1994.
Feldmann, J. & Geldner, C.: Formen der alternativen Konfliktbeilegung. Hagen: Eigenverlag FU Hagen, 2016.
Glasl, F.: Konfliktmanagement. Ein Handbuch für Führungskräfte, Beraterinnen und Berater, Stuttgart: Verlag Freies Geistleben, 2010.
Greger, R.: Sicherung der Unabhängigkeit und Neutralität des Mediators. In: Schlieffen, K. & Haft, F., Handbuch Mediation (S.599–609). München: C.H. Beck, 2016.
Hammacher, P.: Best Practice in den fünf Phasen der Mediation: Phase 5. In: Schlieffen, K., Jahrbuch Mediation Essays 2018 Harte Zahlen, weicher Kern (S.140–145). Hagen: Hagener Wissenschaftsverlag, 2019.
Hartmann, C.: Sicherung der Vertraulichkeit. In: Schlieffen, K. & Haft, F., Handbuch Mediation (S.611–634). München: C.H. Beck, 2016.
Hülsdünker, B.: Best Practice in den fünf Phasen der Mediation: Phase 3. In: Schlieffen, K., Jahrbuch Mediation Essays 2018 Harte Zahlen, weicher Kern (S.126–133). Hagen: Hagener Wissenschaftsverlag, 2019.
Kessen, S. & Troja, M.: Anlauf und Phasen einer Mediation. In: Schlieffen, K. & Haft, F., Handbuch Mediation (S.329–355). München: C.H. Beck, 2016.
Kracht, S.: Rolle und Aufgabe des Mediators – Prinzipien der Mediation. In: Schlieffen, K. & Haft, F., Handbuch Mediation (S.301–327). München: C.H. Beck, 2016.
Kracht, S.: Aufgaben des Mediators. Hagen: Eigenverlag FU Hagen, 2017.
Ladwig, T.: Studie Mediation in der Feuerwehr – Möglichkeiten zur Konfliktlösung in der Berufsfeuerwehr. Jork, 2021.

Literaturverzeichnis

Michaelis, L. & Auferkorte-Michaelis, N.: Kommunikation-Grundlage mediativer Verfahren Teil 2. Hagen: Eigenverlag FU Hagen, 2017.

Montada, L.: Psychologie der Mediation Teil 2. Hagen: Eigenverlag FU Hagen, 2012.

Moore, C.W.: The Mediation Process – Practical Strategies for Resolving Conflict. San Francisco: Jossy-Bass, 2014.

Pfeiffer, M.H.: Von Dissonanz zur Harmonie-Mediation unter Musikern. In: K. Schlieffen & F. Dauner, Wo Mediation lebt, Jahrbuch Mediation 2019/2020 (S. 257–262). Hagen: Hagener Wirtschaftsverlag, 2020.

Ponschab, R.: Mediation und Litigation. Hagen: Eigenverlag FU Hagen, 2014.

Ponschab, R. & Schweizer, A.: Wirtschaftsmediation Teil 1. Hagen: Eigenverlag FU Hagen, 2017.

Sauerborn, S.: Best Practice in den fünf Phasen der Mediation: Phase 1. In: Schlieffen, K., Jahrbuch Mediation Essays 2018 Harte Zahlen, weicher Kern (S.114–120). Hagen: Hagener Wissenschaftsverlag, 2019.

Schweizer, A.: Konflikte, und wie wir sie lösen. Hagen: Eigenverlag FU Hagen, 2014.

Stein-Remmert, A.: Best Practice in den fünf Phasen der Mediation: Phase 2. In: Schlieffen, K., Jahrbuch Mediation Essays 2018 Harte Zahlen, weicher Kern (S.121–125). Hagen: Hagener Wissenschaftsverlag, 2019.

Trossen, A.: Das Mediationsgesetz. In: Schlieffen, K. & Haft, F.: Handbuch Mediation (S.585–598). München: C.H. Beck, 2016.

Das Feuerwehr-Lehrbuch

Grundlagen – Technik – Einsatz

8., erw. und überarb. Auflage 2023
1124 Seiten. 1490 Abb., 105 Tab.
Fester Einband. € 89,–
ISBN 978-3-17-043819-4
Digital-Ausgabe erhältlich in der BRANDSchutz-App und als E-Book

Dieses Standardwerk der Feuerwehrausbildung erläutert, orientiert an den Lernzielkatalogen für die Ausbildung des mittleren feuerwehrtechnischen Dienstes und der Feuerwehr-Dienstvorschrift 2 „Ausbildung der Freiwilligen Feuerwehren", die vollständige Feuerwehr-Grundausbildung für Berufs- und Werkfeuerwehren sowie für Freiwillige Feuerwehren.

Die 8. Auflage wurde komplett aktualisiert. Außerdem wurden die Änderungen der FwDV 500 berücksichtigt, umfangreiche Ergänzungen bei der Vegetationsbrandbekämpfung eingefügt sowie ein neues Kapitel zur Einführung in die Stabsarbeit aufgenommen.

32 namhafte Autoren aus dem Feuerwehrbereich haben spezielle Fachkapitel erarbeitet. Die Herausgabe erfolgt durch die Redaktion der führenden Feuerwehrfachzeitschrift BRANDSchutz/Deutsche Feuerwehr-Zeitung.

Leseproben und
weitere Informationen:
www.kohlhammer-feuerwehr.de